へ行く

1　増井光子さんの拒否から始まった

†園長のリレー連載を企画する

動物園に関係する人なら、増井光子の名を知らない人はいないだろう。獣医師で、東京・上野動物園や横浜・ズーラシアの園長を務めた。長く男社会だった動物園界にあって、上野でもズーラシアでも初の女性園長だった。「女性初」という枕詞が付いて回った人である。

二〇〇八年二月、ズーラシアの園長室で初めて対面した。それまで動物園には関心がなかったから、彼女のことはまったく知らなかった。先輩記者に「そういうことなら、まず増井さんに会ってみたら」とアドバイスを受けて出かけたのである。「そういうことなら」とは「動物園長のリレーエッセイをスタートさせるなら」という意味だった。

当時、共同通信社として子ども向けの記事を充実させる方針が打ち出され、子ども向けのニュース解説「ニュースなぜなに」を書いていたわたしにも「何か提案してくれ」と指示があった。

しかし「新聞紙面用の子ども向けコンテンツを増やす」というもともとの方針が、モバイルと共に育ってきた子どもたちには無効ではないか。会議ではそのように疑問を呈したうえで、「モバイルから紙へ」いわば逆誘導するための方法論を提案したが、それはほとんど顧みられなかった。

それとは別に考えたいくつかの具体的な企画の中で「動物園長のリレーエッセイ」が採用されてしまい、どう具体化していくか、思いあぐねていたのだった。

†執筆依頼して玉砕、逆に説得される

接客用のソファに向き合って、増井さんに企画の趣旨を説明し、「ぜひ、連載のトップバッターをお願いしたいんです」と締めくくった。園の緑色の作業服を着た増井さんは、ずっとうなずきながら聞いてくれた。熱意は通じた、説得は成功したと思った。ところが、返ってきたのは、冷淡とも思える言葉だった。

「それはあなたが自分でお書きになればいい。園長に書かせたって面白くないです。現場の飼育係はそれぞれ生きものとの関わりの中で、いろんな経験をして、いろんな思いを持っています。彼らにインタビューして発掘したほうが絶対面白くなります」

慌てて反論した。

わたしは生きものについては無知だ。自分で書くとなると手間暇もかかる。いったいどの動物園に行き、だれに話を聞き、どう書けばいいというのか。「園長連載」にこだわって粘るわたしを、彼女が逆に説得する形になった。

いわく、園長は現場の人ではないので、いま起きている現場の話を生き生きと書くことはできない。生きものの専門家であることもネックになる。専門家が専門家の視点で書くものは、一般の人には往々にしてつまらない。

とどめは動物園で長く働いてきた人としての実感だった。

「お客さんが一番求めているのは飼育係と会話することです。初めは動物の姿やしぐさを見たいと思って来てくださる。でも「もう一回行こう」とか「動物園って楽しい」と思わせるのは飼育係なんです。それも動物園が用意したガイドツアーなんかじゃ駄目、一方的でしょ。そういうのじゃなくて、そのへんに飼育係の姿が見えてて、その人とちょっと動物にまつわる会話をしたいわけですよ」

単なる生きものの紹介という枠を超え、飼育係の姿が見え、声が聞こえるような記事にするべきだ。彼女の言葉を、わたしはそう理解した。生きものの身近にいる人を通して、生きものと人の関わりの機微に触れるような記事を書いてほしいという意味だと。

†園長、記者の劣化を嘆く

それに続く言葉はメディア批判ともいえるような内容だった。

「最近の動物園の記事はつまらない。動物園から記者クラブに発表文と写真を提供すると、それを横並びで記事にするだけ。だからどの社も同じです。昔はみなさん、動物園に来ていた。現場をまわり、現場の人に話を聞いて、はっと思うことを書いていました」

長く取材される側にいて、記者の劣化を実感していたのだろう。聞いていて耳が痛かった。

ことは動物園にとどまらない。現場に出かけ、事象の核心にいる人に迫り、それをもとにさらに広く深く情報を集める。そうして、多面的・重層的に事実を明らかにしていく。それが記者の仕事だが、いま、わたしたちにできているだろうか。

話を聞くうち、企画を動物園長たちに丸投げしようという横着な考えは消えていた。珍しい生きものや変わった生態の紹介といった枠を超える記事を目指そう。そのためにまず、そこで働く人たちに虚心に向き合おう。

彼女は当時、兵庫県豊岡市の「コウノトリの郷公園」の園長も兼ね、コウノトリの野生復帰に取り組んでいた。それを熱っぽく語った。

コウノトリに限らず、動物園や生きものについて、書きたいこと、伝えたいことがいっぱいあったと思う。それなのに自分を抑えて、なぜわたしに書くことを強く勧めたのか。

それきりお目にかかる機会がないまま、二年後の二〇一〇年七月、英国で趣味の馬術の競技会に出場中に落馬し、帰らぬ人となった。

2 連載をスタートする

†反戦を訴えるドゥクラングール

増井園長は「取材にはいくらでも協力しますよ」といってくれて、翌週にはズーラシアの広報担当者からレクチャーを受けることができた。

「生きもの大好き」の連載第一回は、日本ではズーラシアだけにいるベトナムのサル、ドゥクラングールを取り上げ、二〇〇八年三月下旬に配信した。見出しは「戦争で食もすみかも失う／世界で一番美しいサル」。全文を引用する。

　こっちをふり向くと、目が合った。どきっとした。黄色みがかった顔、ぱっちりした黒いひとみ。まるでお化粧しているみたいだ。頭は黒のベレー帽、足は赤いソックスに見える。小枝を持ち、何か深く考えている。

ドゥクラングールはベトナムやラオスの森林にいて「世界で一番美しいサル」といわれる。体長は六〇－七五センチ、尾の長さは五五－七五センチ。

日本では横浜市の動物園「ズーラシア」に二頭のオスがいるだけ。飼育員の田島俊一郎さんは心配顔だ。

「木の葉が主食なのでたくさん食べてほしいんだけど、あまり食べないんです。熱帯の森林にはいつもやわらかな若葉があったと思う。でも日本の冬はごわごわのしかない。何とか食べてくれる葉を探しています」

絶滅が心配されている。戦争や狩りのせいだ。

ベトナム戦争が長引き苦戦したアメリカ軍は、ベトナムの人がかくれる森林を枯らそうと、一九六〇年代に猛毒

連載第1回掲載のドゥクラングール
（写真提供・共同通信社）

の「枯れ葉剤」を大量にまいた。木の葉を食べ、樹上で暮らすドゥクラングールは、すみかも食べ物もいっぺんに失った。残った葉も毒にまみれた。

戦争が続くと、現地の人も銃を持つようになる。生活は苦しい。ベトナムのとなり中国では、動物を漢方薬に使ってきた。このため狩りをして売る人や、食用にする人もいて、ますます減った。

田島さんは「戦争自体「動物なんか知ったこっちゃない」という人間の身勝手ですからね」とサルの心を代弁するように話す。ドゥクラングールの考え深そうな顔に、悲しみがかくれているような気がした。

初回だから力が入った。ズーラシアに何度も出かけ、ドゥクラングールを調べた研究論文も国会図書館で見つけて読んだ。書きあげた原稿は、絶滅危惧種のサルを起点に、過去の戦争にも視野を広げ、反戦を訴える内容になった。まずまずの滑り出しだと、甘い自己評価をくだしていた。

†ダスキールトンの死と飼育係と女の子

二回目は同じズーラシアのダスキールトン。白く縁取られたくりくりの目が印象的なマレー半島のサルだ。当時、日本で飼育されていたのはズーラシアの二頭だけだった。記事の後半部分を引く。

飼育員の田島俊一郎さんはちょっぴりつらそうだった。人気者だったオスの「ココ」が去年四月に死んだ。死因ははっきりしない。

その後、三歳の女の子から手紙が届いた。女の子は来園した時に必ずココに声をかけ、ココも「くわあっ」と返事をしていた。手紙は手書きのココの絵に「ありがとう」と書きそえてあった。

サルは自分や仲間の毛づくろいをする。ココは田島さんの頭をぐちゃぐちゃにして毛づくろいをしてくれるほど仲良しだった。田島さんはズーラシアのホームページにこう書いている。

「救えなかった動物のことにふれるのは担当者として申しわけないという思いでいっぱいです。でも女の子が送ってくれた絵によって、応援してくださる方が大勢いることを、あらためて教えていただいたように思います」

オスのダスキールトン、ココと田島さん、そして三歳の女の子の心の交流を書いた。いま、テレビやSNSでたくさんの動物の映像が流れ、話題にもなるけれど、それらのほとんどは生きている動物である。現代のメディアは死や病にあまり触れない。

この連載は子ども向けであっても、死や病をタブーにせず書くことができる。一回目に戦争を、二回目に死を扱って、わたしは手応えを感じていた。

なお、一・二回目とも田島さんの立場を「飼育員」と表現している。増井園長は「飼育係」と言っていた。このころから一〇年近く、わたしは両者の違いについて特にこだわらず、無自覚なまま書いているが、のちに考えさせられることになる。

†オカピを「かわいい」と言わせたい

三回目はオカピ。二〇世紀初め、英国人の探検家がアフリカで見つけた動物だが、もちろん現地の人は知っていたのだから、正しくは「西洋にとっての発見」が二〇世紀だったということになる。動物や動物園の歴史においても、西欧中心史観が抜きがたくあることには注意しなければならない。

体形や模様から、オカピは初め、シマウマの仲間と思われていた。でも、ひづめが二つあったので、奇蹄目《きていもく》のウマの仲間ではない。よく調べたら、キリンの先祖のような種だと分かった。取材当時、世界の動物園で四〇頭程度しか飼われていなかった。

横浜市立金沢動物園のオカピ（2013年、筆者撮影）

最初がドゥクラングール、二回目がダスキールトン、そしてオカピ。とても珍しい動物を選んでスタートしている。オカピに至っては、コビトカバ、ジャイアントパンダと並んで「世界三大珍獣」と呼ばれることもある。

何の予備知識もなく、当時ズーラシアで広報を担当していた斎藤憲弥《のりや》さんに相談し、それらの動物を〝推薦〟されたのだ。

「日本ではここにしかいない」「世界でも数少ない」。斎藤さんはメディアの判断基準をよく理解していたのだと思う。希少性や珍奇性がニュース価値を大きく左右する。

しかし、この〝珍獣主義〟は動物園のあり方とも絡んで根本的な問題をはらんでいることを間もなく知ることになる。また現実的な理由もあって、この連載の中心コンセプトではなくなっていく。つまり、回を重ねると、珍獣を取り上げるだけでは間に合わなくなっていく。

素材となる動物の選択とは別に、オカピの回は取材でも問題があった。まず本文を紹介してからそれを説明したい。見出しは「世界の動物園に約四〇頭だけ／あだ名は「森の貴婦人」」である。

こっちにゆったり歩いてきた。足やおしりに白いしま模様。やさしい目だ。大きさは小ぶりな馬ぐらい。オカピはとてもめずらしい動物で、世界中の動物園にいる数を足しても約四〇頭だけだ。
「変なやつなんですよ」。横浜市の動物園「ズーラシア」の飼育員、川崎立太《りゅうた》さんは困り顔だ。人間になつき、ざらざらの長い舌でぺろぺろなめる。頭、顔……舌が届くところはどこでも。「痛いです。やすりをかけられるみたい。舌でさわって相手を調べているんだと思う」と川崎さん。（中略）
一度食べたものを口にもどしてかむ「反すう動物」だ。反すうできなければ、消化できず弱ってしまう。原因はおなかにガスがたまること。川崎さんはげっぷやおならが出るように、一生懸命おなかをなでたり、もんだりする。

姿が美しいので「森の貴婦人」と言われる。川崎さんも「自然がつくった芸術だと思う」と話す。変なやつなんて言いながら、オカピが好きみたいだ。

当時のわたしの取材目標のひとつは、飼育係に担当動物のかわいさや魅力を語ってもらうことだった。

増井さんとの対話の中で固まってきた思いを再掲すれば、「生きものの紹介という枠を超え、飼育担当者の姿が見え、声が聞こえるような記事」「生きものと人の関わりの機微に触れるような記事」を目指した。それは究極、飼育係の生きものへの愛情を示す言葉として表現されるはずだと思い込んでいた。

ところがオカピのことを、担当の川崎さんはなかなか「かわいい」とは言わない。最初にタイミングを見て「かわいいですか」と聞くと「かわいいのかな?」と疑問形の返事。別の話題の後、長い舌でなめられたりすることがあると言うので、もう一度「かわいいとき、ないですか?」と聞く。今度ははっきり言われた。「性格上、私は何かがかわいいと思わないですから。自分の子どもでも」

なおも「性格がいいと思うところなんかはないですか」と食い下がるが「性格は六頭いればみんな違いますから。対応の仕方は自ずと違ってきます」とクールに返された。

記者が事前に答えを予測し、やりとりを想定し、ストーリーを思い描くことはあってもいい。しかし、それに合わせて都合のいい言葉を引きだそうとすることは「当てはめ取材」と呼ばれ、否定される。しかも、わたしが想定するストーリーは、飼育係が担当動物を愛しているという内容なのだから、プロの仕事とはむしろ背反する。川崎さんには、飼育係の仕事もなめられたものだと思われたかもしれない。

そして、その試みに失敗した挙げ句、記事本文では末尾で「オカピが好きみたいだ」と、無理に推量形でオチを付けている。激しく反省する。

少しだけ言い訳すれば、飼育係は担当動物の最も近くにいる人間だ。動物たちの生活が少しでも良くなるように、少しでも幸せに生きてほしいと願って働いているだろう。そのとき、気持ちとしては「担当」とか「業務」といった枠を超える部分もあるのではないか。

わたしが、ときに記者という職分を超え、取材対象に心を動かされてしまうことがあるように。考えながら歩いて行こう。

†コウノトリ野生復帰の現場に行く

コウノトリの郷公園（写真提供・共同通信社）

連載の四回目はコウノトリ。日本の野生下ではいったん絶滅した鳥だから、これもまた珍鳥に属する。珍獣主義は続いている。

この連載の骨格を決定づけたズーラシアの園長・増井光子さんは当時、「コウノトリの郷公園」園長も兼任していたから、彼女の引力下での仕事も続いていた。

この取材でわたしが池田啓《ひろし》さんと面談することは、増井さんの想定にあっただろうか。コウノトリの郷公園に行って池田さんに会わないはずがないと思っていたかもしれない。コウノトリの野生復帰に、極めて重要な役割を果たした人だから。

池田さんはタヌキの研究者、行動生態

学が専門だが、環境庁にいるときにコウノトリに関わり、野生復帰の仕事に取り組むようになった。記事は次のように書き起こした。

気流をつかんだのか、大きく羽を広げたまま、ゆうゆうと空をすべる。白い体に、つばさの黒が美しい。つばさを広げると約二メートル。大人の身長をこえる。「こんな大きな鳥が身近にいるって楽しいことだと思いませんか」。兵庫県豊岡市の「コウノトリの郷公園」研究部長、池田啓さんはそう話す。

これに続き、この鳥が絶滅した経過を説明し、野生復帰に触れた。

大事なのは環境だった。地元の人は田んぼの農薬をやめ、魚がすめる水路をつくった。「コウノトリがすめる環境は人間にも安全で豊かな環境だ」と考えたからだ。二〇〇五年九月、とうとう鳥かごから外に飛び立った。いま約二〇羽が豊岡や周辺の空を自由に飛ぶ。日本中でこんな姿が見られる日がまた来るだろうか。

地元の人たちがコウノトリとの共生に舵を切ったのは、池田さんが膝詰めで話し合い、本音で語り合って、少しずつ納得してもらっていったからだ。関係者はそう口をそろえた。「啓」という名前のとおり、まさに人々を啓蒙していったのだろう。

いや「啓蒙」は上から目線だ。たぶん「一緒に考えた」というほうが正しい。そう思うのは、生きもの取材の初心者であったわたしにも、決して「教え諭す」といった姿勢ではなかったからだ。

†池田啓さんのメディア批判

たとえば、コウノトリの野生復帰について、当時人気が高かった動物もののテレビ番組を引き合いに、こう説明した。

「「わあ、かわいい」とか「わあ、かわいそう」というのは個体に対する言葉です。でも生きものは個体で生きているわけではない。かたまりとして生きている。正確に言うと、生物多様性ということです」

「コウノトリの場合も引いて見て、生きものがすんでいる空間、さらに引いて見ると、人間もすんでいる空間、人間も見なきゃいけない。そこまで引いて見ることで野生動物を絶滅から救うということが初めてできるのであって、人間の存在がないまま生きものたちの絶滅を心配するというのは、味気ない話だと僕は思う。新聞記事はよく「生きものが大事」という結論になってしまうけれど、生きものより人間が大事という視点になることが重要だと思う。コウノトリも田んぼのなかにいるということが非常に重要なんです。そこには人間の営みがある。そこまで引いて見ないと」

確かに、わたしたち記者は対象への接近という手法を偏重し、俯瞰は得意ではない。刑事と同じように、現場主義がうるさくいわれるのも、その表れだ。「視点を教えていただいたような気がします」と返すと、池田さんは続けた。

「マスメディアの人と話すと、引いてないなと感じる。どうポップにするのか、どう歪めて面白くするのかと考えている。スノッブな感じで、自分の視点の深さから出てくるものを大事にしていない。それでは本当に腹の底から面白いものは出てきません」

池田さんの洞察に触れながら、わたしはこのとき、何も理解していない。「視点の深さ」から出てくるものなど、体のどこをたたいても出てこなかったからだと思う。

その後、この「ポップ」という言葉とは、一〇年のときを隔てて、思いがけない人の言葉として、思いがけない文脈で出会うことになるのだが、それは最後に触れることとする。

池田さんにはもう一度、動物や動物園について自分の考えが少しは深まった段階で話を聞きに行きたいと思っていたが、出会いからちょうど二年後、二〇一〇年の春に病没された。六〇歳の若さだった。

3　昆虫生態園で問いを突き付けられる

†飼育係は調理人でもある

「コウノトリの郷公園」に続いて取材したのは、東京都立多摩動物公園だった。説明は不要かもしれないが、東京の西郊、日野市にある広大な動物園である。

最初に教育普及係長、金子美香子さんと面談した。都立の動物園の場合、メディア対応は教育普及係というセクションになる。「教育」は分かるけれど、「普及」とはどこに何を普及するのか。いまも違和感があるし、外部からは分かりにくいネーミングだと思う。

博物館や美術館にも同名の部署があり、いずれもメディア対応だけでなく、見学や体験学習の受け入れ、サマースクールや企画展の開催、広報誌やホームページの作成といった仕事をしている。情報発信部門と捉えればよいのだろう。

記事で取り上げる動物が、ほぼ金子さんのガイダンス通りになったのは、ズーラシアのときと同じだった。アドバイスが適切だったことに加え、そのころのわたしには、自分なりの視点やこだわりが何もなかったことも示している。いや、こだわりが少ないということとでは、一五年たったいまも、さして変わりはないかもしれないが。

別の日、また多摩に出かけてオランウータンの担当者に話を聞き、次に昆虫生態園に向かった。昆虫生態園の記事は連載の八回目である。冒頭を引く。


とびらを開けると、むっとする熱気に包まれた。目の前を白い大きなチョウが横切る。あっちにもこっちにも。足元の黒っぽいチョウは、光のかげんで深い青色に見える。東京・多摩動物公園の昆虫生態園。気をつけないと、どれかにぶつかってしまいそうだ。


実際にはぶつかりそうになったとしても、チョウのほうでよけるだろう。でも、そう思うほど、チョウたちが間近で乱舞していた。食草の栽培室で取材に応じてくれた飼育係の男性は、私より年上のベテランのようだった。

最初はチョウの飼育の難しさについて。それは外から見ていたときには気付きにくいことだった。幼虫が食べる草や木の葉を育てるのが大変なのだ。チョウの幼虫が必要とする食草は大量だ。しかも当然だが、栽培用の植物ではなく野草を食べる。

野草だから栽培マニュアルはない。農薬も使えない。「アブラムシが付けば、手でつぶすか、吹き飛ばすしかないんですよ」

動物の飼育というとき、実際に生きものを飼った経験に乏しいわたしは、人と生きものの接触、交流にまず関心を持つけれど、現実はそうではない。飼育の大前提は生存を維持することだ。そのためには、何よりも食が安定して維持されなければならない。

それには、何をどのようにどれだけ食べさせるかが、決定的に重要なことだった。つまり、飼育係は第一に、動物にとっての良き調理人でなければならない。そのようなことさえ「目からうろこ」の状態で、わたしの取材は始まっていた。

多摩動物公園の昆虫生態園。オオゴマダラが花のみつを吸う（写真提供・共同通信社）

†展示できないチョウもいる

「コウノトリの郷公園」で池田啓さんにあれほど「引いて見る」ことの大切さを言われていたのに、オカピのときと同じように飼育係の個人的な感情を引き出して、それを足がかりに生きものに接近しようとしている。たとえば、こんなふうに。

「わたしはチョウの種類は分からないですけど、一番お好きなのはどれですか」

やはりプロらしく、あっさりとした言葉が返ってくる。

「そういうのはないよね。仕事として捉えているから」

でも、彼はそれで放り出しはしない。フォローしてくれた。

「お客さんが見て驚くのはこのチョウですね。日本でいちばん羽の表面積が大きい。オオゴマダラ」

往生際悪く、わたしはさらに食い下がっている。

「コレクター垂涎《すいぜん》というのはないんですか」

「ないですね」

「ギフチョウとか?」

「ウスバシロもギフチョウも「春の女神」って言われて、涼しいときに飛び立つチョウだから、室温三〇度を超える生態園に入れると飛ばないんです。日本の国蝶であるオオムラサキもそうなんです。エノキの葉をいっぱい食うチョウで、エノキはいっぱいあるんですが、ものすごく速く飛ぶチョウなんです。雑木林の梢《こずえ》の間を。生態園に入れると、ガラスに激突しちゃう。なんで日本の国蝶いないのってお客によく言われるんだけど」

無理なんですねと、わたしが納得すると、彼がまたフォローしてくれる。

「箱に入れたりなんなりすれば、姿だけは見られるんですが……」

「それではかわいそうですね」

「そうです」

ようやく話がかみ合った。それで彼の苦労をねぎらうような気持ちで、こう口にした。

「ここにいるチョウたちは、餌の心配もなくて幸せなんでしょうね」

†ボーンフリーという言葉を知る

思いがけない言葉が返ってきた。

「そういうふうに擬人的に捉えちゃいけないんじゃないの、自然なんだから。そういうのは嫌い……と思います。わたしの意見として」

遠慮がちだが、内容ははっきりしていた。擬人的に捉えてはいけないというのは初耳だった。擬人化の問題については、あとで踏みこんで考えるが、当時のわたしは、それが動物園を語るときのキーワードのひとつであることを知らなかった。

こういうとき、知ったかぶりはいけない。わたしは「そうですか、擬人的なのは駄目ですか」と、おうむ返しに言って次の言葉を待った。彼が再び口を開く。

「外敵がいなくて幸福ですねって言われても、どっちが幸福だか分かんないわけでしょ。

自然界で自由に飛び回っているのと」

動物園を回り始め、付け焼き刃で読んだ本の一冊には、動物園の動物は外敵がいなくて食べ物の心配もない。だから野生より幸せな暮らしだと見ることもできると書いてあった。だが、彼の見方はそうではなかった。

「外敵におびえながら野生で生きていくたくましいのが、やっぱり野生動物なわけでしょ。そういうと、動物園を否定するみたいになるけれど。動物園は必要だと思うんですよ。子どもたちに夢を与えるとか、動物について啓蒙するとか、動物好きになるとか。そういう役割はあると思うんですよ。でも、本来はこんなもの、ないほうがいいわけですよ。生物というのはボーンフリーだと思う」

また、わたしの知らない言葉が飛び出した。『野生のエルザ』の原題が"Born Free"だと彼は説明した。人の手で育てられたライオンを野生にかえす物語。日本語にするなら「生まれながらにして自由」だろうか。

「本当は檻《おり》に入れて飼うべきじゃない。長く勤めてきてやっぱりそういうジレンマがありましたよ」。率直な述懐だった。

わたしもようやく理解できた。「そういう意味で、擬人化して「チョウも幸せだろう」というのは最低なわけですね」

「動物はボーンフリー。擬人化すれば、どうしても人間の視点になってしまう」。彼はもう一度繰り返した。

†擬人化は常に否定されるのか

彼の言葉は動物園の存在矛盾というべきものに突き刺さっていた。野生動物の自由を奪って飼育しながら、自然の大切さを訴えるというのは矛盾している。生きものは本来、ボーンフリーではないか。

あるいは、動物の自由を奪うという侵害性だけに着目するなら、矛盾というより原罪と評価するべきかもしれない。しかし、そう評するなら、家畜やペットの飼育との異同も議論される必要が出てくるだろう。

一方、擬人的に捉えてはいけないという言葉は、わたし自身の姿勢を問うているように思われた。いや、もっと直接的に、第一回のドゥクラングールの記事を思い出して、あの記事はアウトではないかと不安になった。

記事の最初のほうで、ドゥクラングールの外見や表情から「お化粧」とか「何かを深く考えている」としたのはまだしも、末尾の「考え深そうな顔に、悲しみがかくれているような気がした」というのは、間違いなくわたしの思いを投影した擬人化だった。

種としての経験、すなわち戦争による飢えや死が、わたしが見た個体としてのドゥクラングールの脳や肉体に、遺伝的に刻み込まれていることはないだろう。人間とは違って、記憶や感情の世代間継承ということも考えにくい。科学的な真実に背いている可能性が高い。

擬人化はこのように、動物の存在や行動に本来とは別の意味を与えて、科学的な事実・真実と向き合うことを妨げ、情報の受け手だけでなく書き手さえもミスリードすることがあるだろう。しかし、それは常に、徹底的に排除されるべきなのか。

深い意味を問うことなく始めた動物園連載は、いきなり難問を突き付けられることになった。

第二章 動物園を知る

†客観性を否定するタイトル

ここで少し話を戻して、連載タイトルや連載の枠組みについて話しておきたい。

連載タイトルが、わたし自身の気持ちと合致していなかったことは「はじめに」で書いた。わたしは真の生きもの好きではない。しかし、そうした個人的な感情との齟齬だけでなく、記者としての違和感も抱いていた。タイトルを考えたのはわたし自身であるから、「迷い」というほうが正確かもしれない。

記者として学んできた取材対象との関係のあり方、距離のとり方は、できるだけ中立で客観的でなければならないということだった。とりわけ発信の場面では、それが厳しく問われる。

取材相手やその主張にどんなに共感しても、あるいはどんなに怒りを持っても、表現するときには、そこから身を引きはがすようにして、客観的に書かなければならない。タイトルで「大好き」と言ってしまっては、初めから客観性を放棄していることになる。

タイトルを決めたのは、上野動物園を見たあとだったと思う。上野公園のなかを歩きながら、頭の中には「生きもの大好き」に加えて「生きもの図鑑」や「生きものマップ」「生きもの観察」といった言葉がぐるぐる渦巻いていた。

しかし、増井光子さんのメッセージは重かった。ありきたりな生きもの紹介の枠を超えることを彼女は求めていた。だとすれば、客観性という縛りを取り払ってもいいかもしれない。いま見た生きものたちから、飼育係たちから、わたしは何を感じたのか。それを正直に書くことは、百科事典的な情報以上の情報を伝えることにつながるかもしれない。

飼育係が担当する動物をかわいいと感じ、愛情を持っているに違いないという思い込みが働いたことは否定できない。飼育係が「生きもの大好き」なら、看板に偽りはない。

コウノトリの郷公園の池田さんは、メディアの「かわいい」とか「かわいそう」といったアプローチや「どうポップにするのか、どう歪めて面白くするのか」という姿勢を批判した。

そこに堕《だ》してしまわないためには、目の前で見たり聞いたりしたことをねじ曲げないということを、最低限のルールとして自らに課す必要があるだろう。つまり、事実性や正確さを確保しながら、客観性を超えなければならない。池田さんの言い方に従えば「視点の深さ」が問われることになる。

いまのところ、そのようなものは自分にはない。歩きながら学び、書きながら考えていくしかなかった。

†リード文に隠された難問

連載の初回、ごく短いリード文を付けた。

動物園や水族館にはさまざまな生きものがいる。その魅力を探ろう

連載「生きもの大好き」において、世間向けに発した初めての言葉ということになる。文頭は「動物園」という言葉だが、これを書いた時点では、その言葉自体がかなり論争的なテーマであることを知らない。

コウノトリの郷公園は動物園なのか。連載一二回目では愛媛県今治市の「のまうまハイランド」にいる在来馬、野間馬を取り上げたが、これも動物園といえるのかあやしい。しかし、それらを取り上げることが、企画趣旨から外れてしまうのではないかと心配したわけではない。「動物園とは何か」と振りかぶって考えたこともなかったし、それを考えるだけの知識もなかった。

だが、動物園関係者や研究者にとっては、大きな問題であるらしかった。その後、動物や動物園に関係するシンポジウムに参加したり、動物園をテーマとする本を読んだりする中で、それを知っていくことになった。

たとえば、上野や多摩で園長を務めた中川志郎《しろう》さんの著書『動物園学ことはじめ』は一九七五年の出版だが、その「まえがき」はいきなりこう書き起こしている。

「動物園とは何か?」という問題が、今、アメリカを中心として、あらためて問いなおされている。

一九七〇年代にすでに動物園の定義が問題になっていたのだ。しかも国際的に。そして、それはどうやら今も変わらず、問題であり続けている。

千葉市動物公園の園長、石田戢《おさむ》さんによる『日本の動物園』は二〇一〇年の出版で、日本社会における動物園を体系的に考究するが、その第一章は「動物園とはなにか」である。そして「なにをもって動物園と呼ぶのかは、じつはむずかしい問題である」と述べる。その意味は次のように説明される。「公認されたものから、自称のもの、動物園とは名乗らないもの、一般に動物園と見なされているもの、カテゴリーは多様である」

確かに、コウノトリの郷公園も、のまうまハイランドも「動物園」を名乗っていない。日本動物園水族館協会（ＪＡＺＡ）の加盟園館を見ると、東日本だけでも「弥生いこいの広場」「那須どうぶつ王国」「群馬サファリパーク」「市原ぞうの国」「井の頭自然文化園」といった名称がある。

東大名誉教授、木下直之さんの『動物園巡礼』は、各地の動物園を巡りながら、時空を超えて動物園を自在に、洒脱《しやだつ》に論じる。その冒頭「巡礼前夜」は、大学構内に「動物園とは何か」と染め抜いた暖簾《のれん》を出し、店を開くエピソードから始まるが、その「シンプルな問いに答えることは容易ではない」と述べて、明快な解を示さない。

もちろん、動物園を縦横無尽かつ多面的に考える「巡礼」であってみれば、単純な解で満足しないのは、当然の道行きだけれど。

†大規模動物園に違和感を持つ

「動物園とは何か」と考えるとき、自分なりの感覚を忘れてはいけないと思うので、直接言及する前に、規模の問題に触れておきたい。感覚が貧しいかもしれないが、それが動物園に関してわたしの持つ重要な引っかかりだからだ。

わたしの動物園取材はズーラシアを起点に、首都圏の多摩動物公園、上野動物園や埼玉県こども動物自然公園など比較的規模の大きなところを中心にスタートした。その後、秋田の大森山動物園、広島の安佐《あさ》動物公園といった地方の郊外型動物園に取材先を広げ、さらに、都市にある小規模の動物園にも足を運ぶようになった。

長期戦略を立てたわけでなく、毎回、次はどこを取材しようかと探しているうちに、結果を大まかに整理すれば、そのような流れになったのだ。

都市部の小規模な動物園というのは、たとえば横浜市の野毛山動物園や川崎市の夢見ケ崎動物公園、さいたま市の大宮公園小動物園、東京の江戸川区自然動物園といったところだ。最寄り駅から歩いて行けて、しかも無料。どこもベビーカーを押した親子連れが多かったという印象がある。

連載開始から約一〇年、五〇一回目からの数回は、多摩動物公園に戻って取材した。久しぶりに訪れて、その広大さにあらためて驚き、緑豊かな環境の中を歩く心地よさを満喫しながら、かすかな違和感も持った。

わたしは身近に動物園というものがない環境で育ったから、動物園とはこういうものだという強い先入観を持っていなかった。そのせいか、どんな動物園に出かけても、それもひとつのあり方だとフラットに受け止めていた。それが一〇年も取材を続けるうちに、なんとなく居心地がいいとか、落ち着くといった自分なりの受け止め方が出てきたのかもしれなかった。

その多摩の取材のとき、東京の別の動物園から異動してきた職員と雑談していて、わたしが違和感を口にしたことがあった。「多摩に来て、なんかちょっと違うような感じがするんですよ」といった言葉だったと思う。すると彼女も「実はわたしもこれまでに勤務した井の頭（自然文化園）や葛西（臨海水族園）とは違うと感じていて」と漏らし「佐々木さんの違和感、ぜひ教えてください」と言われた。

違和感の正体はまだつかめていない。そもそも彼女と私のそれが同じだとは限らない。それにしてもなぜ、生きものにも、見る人にも快適なはずの広々とした緑豊かな動物園で、やや落ち着かない気持ちになったのか。

†必要条件から定義を試みる

人がある事物をどう表現するかというとき、その人間（表現の主体）と事物（表現の対象）との個別的な直接・間接の関わりの集積がある。その集積をどう受け止めるか、どんな言葉にするかは、その人の受容力や言葉の力によって異なってくる。

たとえば、動物園の飼育係と、来園者と、取材者のわたしとでは、動物園の意味は違ってくる。大規模な郊外型の動物公園に違和感を覚えるわたしが、その感覚を定義に投影させるなら、多くの施設がその定義からこぼれ落ちてしまうだろう。

こうした人によってばらばらな把握のなかから、共通項を見いだし、多くの人が納得できる定義を示そうとするなら、「動物園というためには、これだけは欠かせない」という必要条件に絞り込むしかないと思う。それは何か。

この観点から言うなら、石田戢さんの『日本の動物園』は「なにをもって動物園と呼ぶのかは、じつはむずかしい問題である」と認めつつ、その次の小項目であっさり決定的な解を示している。「万人が認める動物園の条件は、まず動物を収集する、飼育する、展示することであろう。これなくしてはけっして動物園は成立しない」

この一節を含む小項目のタイトルは「日本に受け入れられた精神的伝統」であり、このため石田さんはこの解に続けて、日本における「収集」「飼育」「展示」の歴史的な検討に移ってしまうのだが、本書はもう少し突っ込んで定義を検討したい。参照するのは辞書と法律である。

まず、精選版日本国語大辞典は「各地から各種の動物を集めて飼育し、一般の人に見せる施設」とする。広辞苑は「各種の動物を集め飼育して一般の観覧に供する施設」。独創的な用語説明で知られる新明解国語辞典（第八版）は「捕らえて来た動物を、人工的環境と規則的な給餌とにより野生から遊離し、動く標本として一般に見せる、啓蒙を兼ねた施設」と定義する。

これらの辞書から共通する要素を抜き出せば「動物」を「捕らえ・集め」「飼育・給餌」し「観覧に供する・見せる」ということである。石田さんが、これなくしては成立しない動物園の条件とする「動物を収集する、飼育する、展示すること」に符合する。

動物園を訪れる側の期待とも矛盾しない。「きょうは動物園に行こうかな」と思うのは、何よりもそこで動物に出会いたいからだ。それは「展示」によって可能となり、展示の前提には生きものを集め、飼うという営為がある。

†法律も動物園を定義してこなかった

法はどう定義しているのか。

『日本の動物園』第二章「動物園の歴史」によると、戦後の一九五〇年一一月「博物館、動物園及び植物園法」の草案が作成され、そのなかで動物園は次のように定義された。


教育及び学芸上価値のあるものを、収集、保管、飼育して、教育的環境の下に一般公衆の利用に供し、その文化的教養の向上、レクリエーション及び学術の調査研究等に資することを目的とする施設結論的には目的から定義されているが、ここでも、「収集」「飼育」と「一般公衆の利用」という原型が示されていることは確認しておきたい。

この草案に異論が出る。現状(その当時)の動物園に、社会教育施設とはいえないものがあるという点と、博物館は無料とする原則の適用に動物園側の反対があったという点が問題になったのだという。そこで法は動物園を直接の対象から外し、単に「博物館法」として制定される。動物園は「博物館相当施設」という周縁的な対象として、博物館法にあいまいに包摂されることになった。

こうした経緯から、博物館法第二条の博物館定義規定は、動物園にも適用可能な表現となっている。

「博物館」とは、歴史、芸術、民俗、産業、自然科学等に関する資料を収集し、保管(育成を含む。以下同じ。)し、展示して教育的配慮の下に一般公衆の利用に供し、その教養、調査研究、レクリエーション等に資するために必要な事業を行い、あわせてこれらの資料に関する調査研究をすることを目的とする機関(以下略)

これを動物園に即して読み換えれば「「動物園」とは、生きた動物を収集し、保管（育成）し、展示して教育的配慮の下に一般公衆の利用に供し、その教養、調査研究、レクリエーション等に資するために必要な事業を行い、あわせてこれらの資料に関する調査研究をすることを目的とする機関」となる。

ここから主観的要素（「配慮」・「資する」・「目的とする」といった部分）を除去すれば、まさに「動物の収集・飼育・展示」という必要条件が抽出される。

なお、二〇一七年に改正された「絶滅のおそれのある野生動植物の種の保存に関する法律」（種の保存法）の二条三号に次のような規定が盛り込まれた。

> 動物園、植物園、水族館その他野生動植物の飼養または栽培（以下「飼養等」という。）および展示を主たる目的とする施設として環境省令で定めるもの（以下「動植物園等」という。）を設置し、または管理する者は（中略）絶滅のおそれのある野生動植物の種の保存に寄与するよう努めなければならない

ここで初めて動物園水族館を主語として「飼養と展示を主たる目的とする施設」と定義された。文言からは目的規定のようにみえるが、基本となる行為として「飼育・展示」を

導くことができる。「収集」はないが、飼育・展示のための動物が自然に集まってくるわけはないので、その前提として当然含まれると、立法者は考えたのだろう。「種の保存」に寄与するという努力義務についてはあとで触れる。

動物園は実態としても法的にも「動物を収集・飼育・展示する施設」である。本書はこの定義を手放さずに進みたい。シンプルな定義（構造化）は、問題が複雑化したり、理解が困難になったりしたとき、解きほぐす道具になるからだ。

そして、こうしたシンプルな定義を利用して現実を捉えていくとき、現実が定義の意味を重層化し、豊富化することも期待したい。

なお、いまでは野生からの収集が難しくなり、動物園で繁殖した動物をその園で育てたり、園相互でやりとりしたりするケースが多いが、それも人間の管理下に置く行為として「収集」に含める。

留意すべき点をもうひとつ挙げておきたい。収集・飼育・展示行為相互の関係だ。

前述したように、動物の繁殖を収集に含めるとすれば、繁殖は飼育の中で達成されるのだから、その部分で重なる。一方、飼育と展示はもっと多くの場面で重なり合い、切り分けが難しい。動物が日中、来園者から見える運動場（放飼場）にいるなら、それは動物を飼育しつつ、展示していることになる。

動物をより良い状態で飼い育てるという飼育の目標と、来園者に動物をじっくり細かく観察してほしいという展示の目標を、飼育係はどう受け止めているのだろう。

動物が「いないね」と言いながらケージの前を通り過ぎるお客さんをよく見かけるが、動物たちからすれば次々と訪れる人間に、まじまじと見られる状態が快適であるとは思えない。動物園の人たちは常に、この異なる目標の両方を達成するという困難に直面している。

なお「収集」「飼育」「展示」は、動物園界で一般的に使われている用語に従った。これらの言葉がはらむ問題性についても、のちに触れたい。

†定義からメディアとの相似性をみる

このシンプルな定義の効用を示す意味で、二〇〇〇年に出版された『動物園というメディア』という本に触れておきたい。書名に強いメッセージ性があり、動物園をメディアとして捉えようとする姿勢が鮮明だ。

共著者には当時、富山市ファミリーパーク飼育課長でのちに園長となり、日本動物園水族館協会（JAZA）の会長も務めた山本茂行さんが名を連ね、第八章と第九章を執筆している。山本さんは文中「動物園は展示を軸にした巨大な情報装置である」と端的に言い切り「動物園をメディアとしてとらえる認識が動物園には弱い」と論じている。
このように、動物園や水族館をメディアとして捉えるというアプローチは妥当なのか。「メディア」という言葉は、ふつう「媒体」と訳され、情報伝達の媒介役である新聞や放送、雑誌を指すことが多い。最近では、個人発信のSNSも、それに含まれるようになってきた。動物園はそれらとは一見、似ても似つかないのではないか。

しかし、記者として長く働いてきた者の実感に基づいて、メディアを再定義し、動物園の定義と比較すれば、動物園がメディアに当てはまることが理解できる。

メディアから社会的使命や目的といった主観的要素を取り去り、俯瞰的・構造的に捉え直すと「情報を収集して、選別・加工し、発信する存在」である。

新聞社であれば、記者たちをニュースの現場や情報源に配置し、彼らが取材した情報から有益な（あるいは売れる）情報を取り出し、多くの人に届きやすい形式や表現を用いて発信する。

このメディアの定義における「情報」と、動物園における「動物」は、ほとんど置き換え可能だ。「収集」行為は重なるし、「発信」は「展示」と同義であろう。生物に対する「飼育」と、無機的な情報に対する「選別・加工」の違いは一見大きいが、対象（生物・情報）の保持の過程として括ることができる。

最近では動物園の本質を「教育」とみる言説が増えている。また、実際に教育機能を重視し、充実させようとする動きは、動物園の内外から広がっているようだ。これは発信面を重視した行き方といえる。

†定義が露わにする支配・侵害

動物園を「動物を収集・飼育・展示する施設」とするシンプルな定義はまた、動物園の本質的な問題をも浮かび上がらせる。

人間が野生動物を「収集・飼育・展示」する。それは人間による生きものの支配であって、生きものの自然状態を侵すことにほかならない。いかなる理由があって、それが正当化できるのか。

その論理を検討する前に、動物園という存在そのものに深く根差したこの「原罪」とも呼ぶべき問題を、もう少し探っていきたい。よく知られている高村光太郎の詩「ぼろぼろな駝鳥《だちょう》」を引用する。

何が面白くて駝鳥を飼うのだ。
動物園の四坪半のぬかるみの中では、

千葉市動物公園のダチョウ。広々とした運動場で暮らす（筆者撮影）

脚が大股過ぎるぢゃないか。
頸《くび》があんまり長過ぎるぢゃないか。
雪の降る国にこれでは羽がぼろぼろ過ぎるぢゃないか。（中略）
これはもう駝鳥ぢゃないぢゃないか。
人間よ、
もう止せ、こんな事は。

芸術表現として鑑賞するなら、「動物園の駝鳥」は何かのメタファーとして読むべきなのかもしれないが、ここでは字義通りの意味として話を進める。

この詩が発表されたのは一九二八

年、一〇〇年近く前だ。そのころとは動物園も大きく変化している。わたしが取材を始めた一五年前と比べてもずいぶん変わった。狭いケージやコンクリートの運動場が減り、動物たちが少しでも快適に暮らせるための工夫も進んでいる。

たとえば、ゾウは野生下では群れで暮らす。日本では一頭飼いの動物園が多いが、これから導入するところは一頭飼いは許されないと考えられている。ゴリラも群れで暮らすので、上野でも名古屋の東山動植物園でも京都市動物園でも、群れや家族で生活するようになった。

一方で、動物園の動物たちはもはや野生動物とはいえないのかもしれないということも押さえておく必要がある。

木下さんの『動物園巡礼』は「現代の動物園で目にする動物の多くは、実は動物園生まれなのである。動物園で生まれて育ち、外の世界を知らずに死んでゆく。それゆえに、ずばり「動物園動物　*zoo animals*」とも呼ばれる」と書く。

そのような現代にあって、詩人の問いはもう無効になったといってよいのだろうか。課題は乗り越えられたのだと。

二つの理由で、そのように切って捨てるわけにはいかないと思う。

ひとつは、動物園で飼育されているすべての動物に目を向けるとき、まだまだ劣悪な環境に置かれている生きものが少なくない。本来、飛ぶことが生活の核にあるはずの鳥がケージの中にいる。走ることが得意なチーターが狭い運動場で暮らす。もちろん、えさが保障されているのだから、獲物を捕らえるために全力疾走する必要もないのだが。

いくつかの動物園ではいまも、日本にはいないサルたちが、鉄とコンクリの狭く四角い箱の中に入れられている。種ごとに並ぶその箱の列は、動物園の人たちの間で「モンキーアパート」と呼ばれ、実際、そう名付けている動物園もある。「アパートメント」という言葉が、おしゃれで文化的なイメージを与えた時代の名残だろうか。わたしはこのモンキーアパートが動物園で一番嫌いで、目を背けて通り過ぎてしまう。

サルの中でも特定の種だけが、広く高く緑いっぱいの運動場で暮らしている動物園もあって、それはそれで〝格差〟を見せつけられるようで、悲しい気持ちになる。親を選べない「親ガチャ」という言葉が流行語化したが、これは「動物園ガチャ」とか「種ガチャ」とでも呼べばいいのか。

もうひとつは、詩人の問いが具体的な飼い方を問うているだけでなく、もっと本質的な問題を告発しているように思われるからだ。

高村光太郎は「四坪半のぬかるみでなく広い運動場ならいい」と言っているわけではないだろう。「雪の降る国で外で飼うのはやめよう」と言っているわけでもない。自由であるべき動物を飼育下に置くこと、それ自体を問うている。

詩人の直感は動物園の本質的な問題に迫る。どんな権利があって、人は動物を収集し、飼育し、展示するのかと。問いは終わっていない。

†最大の侮辱は「見世物」という言葉

人間は自然を侵害し、収奪してきた。動物園よりも、もっとひどいこともいっぱいしてきたと居直るなら、この問いを無視することもできる。だが、この問いに誠実に向き合って悩む言葉を、わたしはしばしば動物園の人たちから聞いてきた。

当然なのかもしれない。動物園で働く多くの人は、生きもの好きだからこそ、動物園の狭き門をたたいた。そうして入ってみたが、動物園にいる生きものは本来の姿でなく、人に飼われ、見世物にされている。それを承知で動物園に職を求めたとしても、毎日毎日、目の当たりにすることは、一来園者であるわたしがモンキーアパートを見る以上に、苦しいだろう。

いま留保もなく「見世物」という言葉を使ったけれど、石田さんの『日本の動物園』は第一章「動物園とはなにか」にわざわざ「見世物」という項目を設け、その冒頭で次のように述べる。「さて、動物園関係者が一様に忌み嫌う「見世物」についてふれておこう。

動物を見世物にしているというのは、動物園人には最大の侮辱的表現になっている」

見世物にするということ、すなわち展示行為についても、よく考える必要がありそうだ。見世物という言葉が真に侮辱的なのは、誰に対してなのか。そのように主体を転換しただけで、風景が一変する。客のほうからだって「わたしは、こんなみじめな状態の生きものを見せられて喜ぶような人間ではない」という声が上がるかもしれない。

『動物園というメディア』の共著者、富山市ファミリーパーク元園長の山本茂行さんはフィールドワークの人だ。若い頃は野生のタヌキの行動を調べていた。同書でこう書いている。


……わたしの心底には、動物園を否定する意識が一貫してある。好きか嫌いかと問われれば、嫌いな部類に属するだろう。二十数余年勤めているいまでもそうだ。野生動物（自然）を人の行為に隷属させてきた日本の動物園の存在と機能、その社会的・文化的位置にずっと違和感（否定感と言ってもいい）をもってきた。そんな動物園に圧倒的な数の人々が訪れ、喜び満足して帰る姿を見ると、人であることにいや気がさすこともあった。機械相手ならともかく、自然を相手にいつも人が中心であるものの見方に、この世を「わが世」と詠んだ藤原道長にも通じる人のおごりを感じた。

野生動物を人間に隷属させる動物園。自然に対する人間のおごりを象徴するとしたら、それを乗り越える道はあるのだろうか。

†原罪を消す逆説的な方法

もう一人紹介したい。沖縄市にある「沖縄こどもの国」で金尾(吉岡)由恵《よしえ》さんと会ったのは、連載開始から五年目の二〇一二年だった。

金尾さんは琉球大で生物を学び、沖縄にいるオオコウモリを研究していた。取材当時、沖縄こどもの国で担当していたのは「アークおきまる」という施設で、学生時代の研究対象だったオオコウモリを含め、沖縄の固有種であるカンムリワシやオキナワキノボリトカゲなどがいた。アークは琉球弧の「弧」を意味し「おきまる」は「沖縄のアニマル」を縮めた名前だ。

金尾さんに「どうして飼育係に?」と問うと、少しだけ間が空いた。そして、担当する沖縄の生きものたちのことを生き生きと語る姿からは、ちょっと意外な言葉が返ってきた。

「取りあえず動物と関わる仕事が続けたかったから。私はもともと動物園が好きじゃなかったんです。狭いおりの中に動物を入れておくというイメージが強かった」

動物園で働くようになってから、その見方が変わったという。

「野生動物たちがどんどんいなくなっている。自分の好きなものが消えていくのは悲しい。それを伝えるためには動物園がすごく大切だということに、入ってから気づいたんです。いまは自然のことをまったく知らなくても生きていける時代です。みんなが野生動物のことに関心を持つことが出発点。動物園にできることはたくさんあります」

金尾由恵さんとオオコウモリ（筆者撮影）

休日には沖縄各地にフィールドワークに出かけ、自然の中で生きものを観察したり、調べたりする活動を続けている。
「野生のほうが毛並みが良くてずっときれいだと思う。どの動物もそうです。でも、それはたぶん自分の飼育技術がまだ追い付いていないから。動物園でも野生よりきれいな毛並みにしたい」
そうして少しでも多くの人に動物に興味を持ってもらう。その先に金尾さんの究極の理想がある。人々が自然や生きものに関心を持てば、行動や暮らし方も変わっていく。それはきっと動物を絶滅の危機から救い、健全な生態系を維持することにつながっていく。

「そうしたら動物園はいらなくなると思うんです」

金尾さんは「それは絶対実現できないだろうけれど」と付け加えたけれど、飼育技術を研ぎ澄ませることこそ、動物園をなくす道だという逆説的な考え方は、新鮮な驚きだった。

山本茂行さんも金尾由恵さんも、どちらもフィールドの人だったのは、示唆的かもしれない。

動物園で働く人には、生きものをコレクションしたり、飼育したりすることを好む人も多い。また、幼いころから動物園に通い続ける「動物園好き」も少なくない。

それに対して、自然の中で動物と出会うことを喜び、野生下の動物の観察や研究を継続している人もいる。野生動物との距離や関係性によって、動物園に対するスタンスがかなり違ってくるようだ。

2 正当化するための「四つの役割」

†中川志郎さんとJAZAの大きな違い

動物園には「四つの役割」がある。公共的使命といってもいい。これこそが動物園の原罪性を打ち消し、正当化する論理である。しかし、動物園関係者を除けば、かなりの動物園ファン以外は知らないのではないか。

もちろんわたしも、動物園を回り始めるまで知らなかった。最初に教えてくれたのは、取材を始めて一カ月後に出会った浅倉義信《よしのぶ》さん（当時東京動物園協会理事長）であった。浅倉さんのことはあとで述べる。

この四つの役割はずいぶん前からいわれてきたらしい。中川志郎さんによる『動物園学ことはじめ』は一九七五年出版だが、「動物園の役割」と題する章を設け、「レクリエーションの場として」「教育の場として」「研究の場として」「自然保護の場として」という小項目に分けて説明している。これらはいま動物園水族館の人たちが掲げる役割や使命というものと、言葉も内容もほぼ重なっている。

日本動物園水族館協会（ＪＡＺＡ）のホームページ（ＨＰ）を参照する。そこには「ＪＡＺＡの四つの役割」が示されている。日本の主要な動物園水族館が加盟する組織だから、そのまま日本の動物園水族館が自任する役割と読み換えていいだろう。四つの役割は「種の保存」「教育・環境教育」「調査・研究」「レクリエーション」である。

中川さんとＪＡＺＡの違いは「自然保護」が「種の保存」に置き換えられ、「教育」が

「教育・環境教育」に、研究が「調査・研究」になっていることだ。中川さんの標語のほうがシンプルで包括的な印象を受ける。

なお、四つの役割を四つの「機能」とか「使命」、「意義」や「目的」などと呼ぶ人もいて、込める意味にも若干のずれがあると感じるが、ここではJAZAの用語に従う。

中川さんとJAZAの説明には、用語だけでなく、もうひとつの大きな違いがあった。四つの役割が並ぶ順番で、最初と最後が入れ替わる形になっている。中川さんのトップが「レクリエーション」であるのに対して、JAZAは「種の保存」であり、中川さんの四番目は「自然保護」であるのに、JAZAは「レクリエーション」を最後に置く。

JAZAは「種の保存」が最も重要であり、レクリエーションは一番軽い使命と捉えているのかもしれない。中川さんは逆なのだろう。その違いの意味は大きいと思うが、先に進みたい。

まず、JAZAの「種の保存」の説明を全文引用する。

動物園や水族館では、珍しい生き物を見ることができます。でも、珍しいということは、動物の数が少なくなっていることでもあるのです。

生き物は、個々の動物園や水族館のものではなく、私たちみんなの財産です。動物園や水族館は、地球上の野生動物を守って、次の世代に伝えていく責任があると考えています（希少動物の保護）。

動物園や水族館は、数が少なくなり絶滅しそうな生き物たちに、生息地の外でも生きて行ける場を与える、現代の箱舟の役割も果たしているのです。

これにさらに「詳細はこちら」と別のページへのリンクがはられ、種の保存の意味や最新情報、ＪＡＺＡの生物多様性委員会の活動などが紹介されている。ちなみに、ほかの三つの役割には「詳細はこちら」がない。

種の保存への貢献を包括的に進めるために、ＪＡＺＡは二〇一四年に環境省と「生物多様性保全の推進に関する基本協定書」を結んでいる。富山市ファミリーパーク元園長の山本茂行さんがＪＡＺＡ会長だった時代である。

また、一七年に「種の保存法」が改正され、動物園水族館に対し、種の保存への寄与が法的な義務にまで高められたことは、すでに述べた（第二章1）。

†域外保全は「動物園保全」と呼びたい

連載を引用しながら、動物園水族館と種の保存の関わりを追っていきたい。

「生きもの大好き」の四回目は、日本の野生下でいったんは絶滅したコウノトリのことだった。それに続く五回目からは三回連続で、多摩動物公園のオランウータンを取り上げた。その七回目を引用する。

左目は見えない。右目もまぶたが垂れ下がってふさがっている。だから、時々まぶたを指で持ち上げてまわりを見る。小さな黒い目が愛らしい。

東京・多摩動物公園のモリーは推定五六歳、世界最高齢のオランウータンだ。人間でいえば一〇〇歳ぐらいのおばあさんだけどとても元気。絵をかくのが得意だ。

東南アジアの大きな島、ボルネオで生まれ、三歳で日本に来た。現地には仲間がいて、おいやめいもいるはずだ。でも、ボルネオのオランウータンは絶滅の危機だという。担当の黒鳥英俊《くろとりひでとし》さんの説明を聞こう。

これに続き、黒鳥さんの説明として、ボルネオの熱帯雨林がアブラヤシの農園に変えられ、生きものがわずかに残った森に追い込まれていること。樹上生活のオランウータンが川を渡って飛び地に行けるように、消防ホースで吊り橋を作る「吊り橋プロジェクト」を黒鳥さんらが実行していることなどが明かされる。

飼育係の中には、動物園での保護や繁殖に取り組むだけでなく、生息地でも活動している人がいることを、この取材で初めて知った。その後、サンショウウオやゲンゴロウ、地域の淡水魚の調査や保全に活躍する水族館の人たちにも出会うことになった。これらはみな「域内保全」の活動に属する。域内保全とは何か。

ＪＡＺＡの「詳細はこちら」からとぶ「種の保存・自然保護」のページには「域内保全と域外保全」という項目があり「国内の野生動物を守るために、地域に出かけて調査をしたり、地域住民と一緒に保護活動をする」ことを域内保全とし、「生息地で保護することが難しい動物を、動物園や水族館で繁殖させて絶滅から守る」ことを域外保全と呼んでいる。

ややこしくて、わたしの頭ではすぐにこんがらがってしまい、いまだにすっと使えない言葉だ。

「域外」について言えば、保護繁殖に取り組んでいるのは動物園だけでなく、研究機関や種の保全に特化した施設も関与しているので、正確さを重視した用語だと思う。

しかし、正確さを多少犠牲にしても、たとえばこれを「動物園保全」と呼び、生息地での保全を「野生保全」と称してもよいのではないか。少なくとも動物園関係者が動物園自身の活動をそう呼ぶのは、問題ないと思う。それは動物園に対する理解を深めるきっかけにもなるのではないか。

†「たかがカエル」というなかれ

多摩動物公園のあと、ようやく日本の「ザ・動物園」ともいうべき東京・上野動物園を訪れた。取り上げたのは順に「ヤドクガエル」「トウキョウダルマガエル」「アカガシラカラスバト」だった。一〇回目の「トウキョウダルマガエル」を引用する。

温泉みたいに気持ちいいのかな。水槽の中、水に体半分つかってじっとしている。トノサマガエルだと思ったら、トウキョウダルマガエルという別の種類だそうだ。

東京・上野動物園の飼育員、斎藤祐輔《ゆうすけ》さんが説明してくれた。「よく似ていて、とても見分けにくいんです。トウキョウダルマガエルは仙台平野から関東平野、長野県、新潟県にいます」

今、上野動物園はこのカエルを増やそうとがんばっている。どこにでもいそうなのになぜ?

「いるのが当たり前だと思っていたのに、調べてみたらいなかった。東京二三区にはほとんどいなかったんです」

水辺が失われていることが大きな理由だろうと、斎藤さんは言う。カエルは水と陸の両方にすむ「両生類」の仲間。でもどっちでもすめるわけじゃない。両方がちゃんとしてないと生きられないんだ。

両生類は世界でもどんどん減り、三分の一の種が絶滅しそうだといわれている。原因はいろいろ。地球温暖化とかオゾンホールという言葉は聞いたことがあると思う。最近ではツボカビという菌が広がり、カエルが全滅しそうな国もある。

トウキョウダルマガエルを増やすのは、動物園が取り組んでいる「両生類の箱舟」計画の一部だ。計画の名前は、聖書の「ノアの箱舟」が、大洪水のときにたくさんの動物を乗せて生き延びさせたことからきている。

カエルがいなくなると？「今までカエルに食べられていた虫が増えます。逆にカエルを食べていた鳥やヘビが減る。自然のバランスがくずれたら大変です」

たかがカエル、いなくなっても大きな問題はないだろうという甘い考えは否定される。生きものはみんなつながっている。人間だけで生き延びることはできないのだ。

次のアカガシラカラスバトのこともまったく知らなかった。

東京から南へ一〇〇〇キロ、小笠原諸島にいるずんぐりした体形のハトだ。全体は黒っぽいが、頭は名前のとおり赤みを帯び、首のあたりから胸にかけて金属光沢があり、光のかげんで紫や緑、黄色にも見える。

天敵がいなかったので警戒心が薄い。そこに人間が来て、ネコやネズミも入ってきた。逃げないのでネコに襲われ、ネズミには餌の木の実を奪われた。あっという間に四〇羽〜一〇〇羽ぐらいまで減った。環境省の分類では「絶滅危惧ⅠA類」（ごく近い将来における野生での絶滅の危険性が極めて高いもの）である。

二〇〇一年に上野動物園に三羽連れてきて増やし、取材した〇八年当時、上野と多摩に計二一羽がいた。まさに「種の箱船」というのにふさわしい状況だった。

こうして動物園の役割のうち、極めて公共性の高い使命ともいえる「種の保全」への取り組みを次々に紹介していったのは、わたしがそれを深く理解したからではない。決して悪い意味ではないが、ある種の誘導があったからだ。それは次の「教育」という役割と関係している。

†生きものに出会うこと自体が教育

ＪＡＺＡの四つの役割の二番目「教育・環境教育」の説明を読む。

本や映像からでは得ることのできない、生き物のにおいや鳴き声を実際に体験できるのも、動物園の特徴です。また、生き物を見ているうちに「この生き物は、どんなところに住んでいるのかな」「何を食べるのかな」などと思うでしょう。それに答えてくれるのが、動物園や水族館です。動物園や水族館を訪れると、ガイドが生き物の説明をしたり、動物教室を開いていています。また、動物園や水族館の中には、野外観察会を開いて、実際に生き物が住んでいる場所や生態の勉強に出かけたりもしています。動物の生態を理解してもらい、環境教育にも結びつけたいと考えているからです。今、野性の生き物が住むことのできる場所がだんだん少なくなっていることなどを知り、人間がどうすればいいのかを考えるきっかけになれば、とも思っています。

上野や多摩ではこのような教育活動の中心となる組織がある。教育普及係がそれだ。メディアを通じた発信は、広い意味で社会教育活動に含まれるからか、メディアの取材の窓口となるのも、この教育普及係だ。

メディアの動物園取材は大別すると、動物園からの広報をきっかけにする場合と、メディア側から「かわいいから」「面白いから」「珍しいから」といった理由で取材を申し込む場合があると思う。ところがわたしの場合はそうではない。何も分からない状態で、ホームページの情報や窓口の担当者のアドバイスを頼りに動いていた。

その結果、動物園として最も強調したい種の保存の取り組みを次々に取り上げ、発信していくことになったのだと思う。

動物園におけるこうした教育的な取り組みは充実強化され、研究も進んでいる。一九七五年に発足した日本動物園水族館教育研究会（略称「Ｚｏｏ教研」）はその代表的な組織で、会のＨＰによると、動物園水族館の職員、ボランティア、教職員、学生、獣医師、関連企業の職員ら約二〇〇人が登録、実践と研究をフィードバックしながら教育活動を活発化させている。

ＪＡＺＡが説明の冒頭で「本や映像からでは得ることのできない、生き物のにおいや鳴き声を実際に体験できるのも、動物園の特徴です」と述べていることは、とても重要だと思う。

この文のあとに「また」という接続詞があるが、続く文章は、疑問がわいたら答えてくれるという趣旨であり、動物園の特徴を述べた冒頭との間を並列の「また」という接続詞でつなげるのは一見、不自然であると感じる。しかし冒頭の一文が、動物の生の情報を体験すること自体が教育だと言いたいのだとすれば、並列にすることは理解できる。

そうだとすれば、動物園の定義のうち、生きた動物の「飼育・展示」そのものの中に教育的意味があること、すなわち動物園の存在自体が教育的であることを、冒頭で強調していることになる。

動物についての質問に答えたり、動物教室や野外観察会を開いたりといった活動に比べると、動物園として存在すること自体が教育だという主張は奇異に思われるかもしれない。しかし「教育する・される」という関係が明示され固定化された中では、教育される側が受け止める情報はコントロールされ、制限された内容にならざるを得ない。

動物園という空間に身を浸し、受け手が自由に感じたり、想像したりする。そんな時間の大切さを述べているのだと受け止めたい。

†「野生からの使者」として研究する

JAZAの掲げる三つめの役割は「調査・研究」である。HPの本文はまず、野生動物の現状と動物園の関係を次のようにおさえる。

人間が住む場所をだんだん広げてきたり、戦争したりすることで、野生の生き物が住める場所が少なくなっています。ですから、野生の生き物をなるべくつかまえないようにしなくてはなりません。動物園や水族館も例外ではありません。今では、ほとんど動物園や水族館では、新しくつかまえてくるのではなく、飼育している生き物を増やそうと努力しています。

動物園の定義に当てはめれば、収集において、なるべく野生からの捕獲に頼らず、動物園内や園相互のネットワークの中で繁殖させることでまかなうという方向性が示されている。それに続いて調査・研究の重要性を述べる。

そのためには、その生き物たちの生態をよく知り、動物園や水族館で快適に暮らせるようにしなくてはなりません。そうした生物の研究もおこなっています。その結果、飼育されている生き物の多くは、野生のものより長生きで、子どももたくさん増えるようになっています。

論理はあまり明快ではない。前段で示された事情からはストレートに、繁殖そのものを目標とする技術や環境の研究が重要だという結論になるはずだ。しかしこの文章は、繁殖のためには生きものが快適に暮らせるようにする必要があると、ワンクッション置き、その快適生活に向けた研究をするのだと読める。

そうなると、繁殖そのものの研究はどこに位置づけられるのだろうか。

一方で、後述するように「アニマルウェルフェア」（ここでは取りあえず「動物の福祉」と訳す）が重要課題になっているいま、繁殖につながるかどうかにかかわらず、動物たちの快適な生活を支える飼育手法は、それ自体として追究されるべき目標であるはずだ。

ともあれ、調査・研究という役割はこうして、収集（繁殖）と飼育の改善という目標に基づいていることが分かる。そして飼育と展示（情報発信）は密接不可分であるから、展示にも大きな影響を与えることになる。

調査・研究については、神戸市の王子動物園の獣医師だった浜夏樹さんの言葉を紹介したい。前年一〇月に生まれたオスのアジアゾウ、オウジについて、二〇〇八年四月に取材した際にうかがった内容である。

インタビュー前半の話題はもっぱら、人工哺育中のオウジが順調に育ってくれるかということだった。その四年前に生まれたオウジの姉・モモも、母親が子育てをせず、人工哺育だったが、生後八カ月で足を骨折、一歳で死んだ。骨が薄かったという。

この取材のとき、オウジは元気いっぱいで、四〇〇キロの巨体でこちらに向かってきた。だが、海外から高価なミルクを調達して与えても、骨の状態を示す数値が良化しないと、浜さんは心配していた。

浜さんの心配は現実となり、オウジは一歳を過ぎたころに立てなくなった。ケアを続けたが、四歳五カ月で死んでいる。同じように人工哺育で育った愛知県の豊橋総合動植物公園のメスのマーラも一歳四カ月で両足を骨折、寝たきりとなり、一七年八月に五歳一一カ月で命を落とした。人工哺育のゾウの成育はとても難しいようだ。

動物が自力で動けなくなるということは、死を意味する。欧米なら安楽殺を選択するケースだと思うが、日本ではそうはならない。わたしはオウジだけでなくマーラにも、元気だったときに会っている。なかなか客観的に語ることができない。

インタビューの後半、浜さんに「動物園に野生動物がどうしているのって子どもに聞かれたら、どう答えればいいんですか」と問うた。もちろん、くだんの「生きものはボーンフリー」という言葉を意識した問いである。

「難しいですね」と浜さんは一拍置き、おそらく小学生向けの記事であることも意識して、次のように話してくれた。

「僕がよく言うのは、なかなか低学年には理解されにくいかもしれないけれど、動物園の動物は「野生からの使者」だと。生態なんかを教えてくれる使者だと思っているんです。だから僕たちは、いろいろな科学的なデータを引き出さないといけない。動物園で繁殖した個体を野生にかえそうという試みもありますが、それはごく一部の動物であって、王子

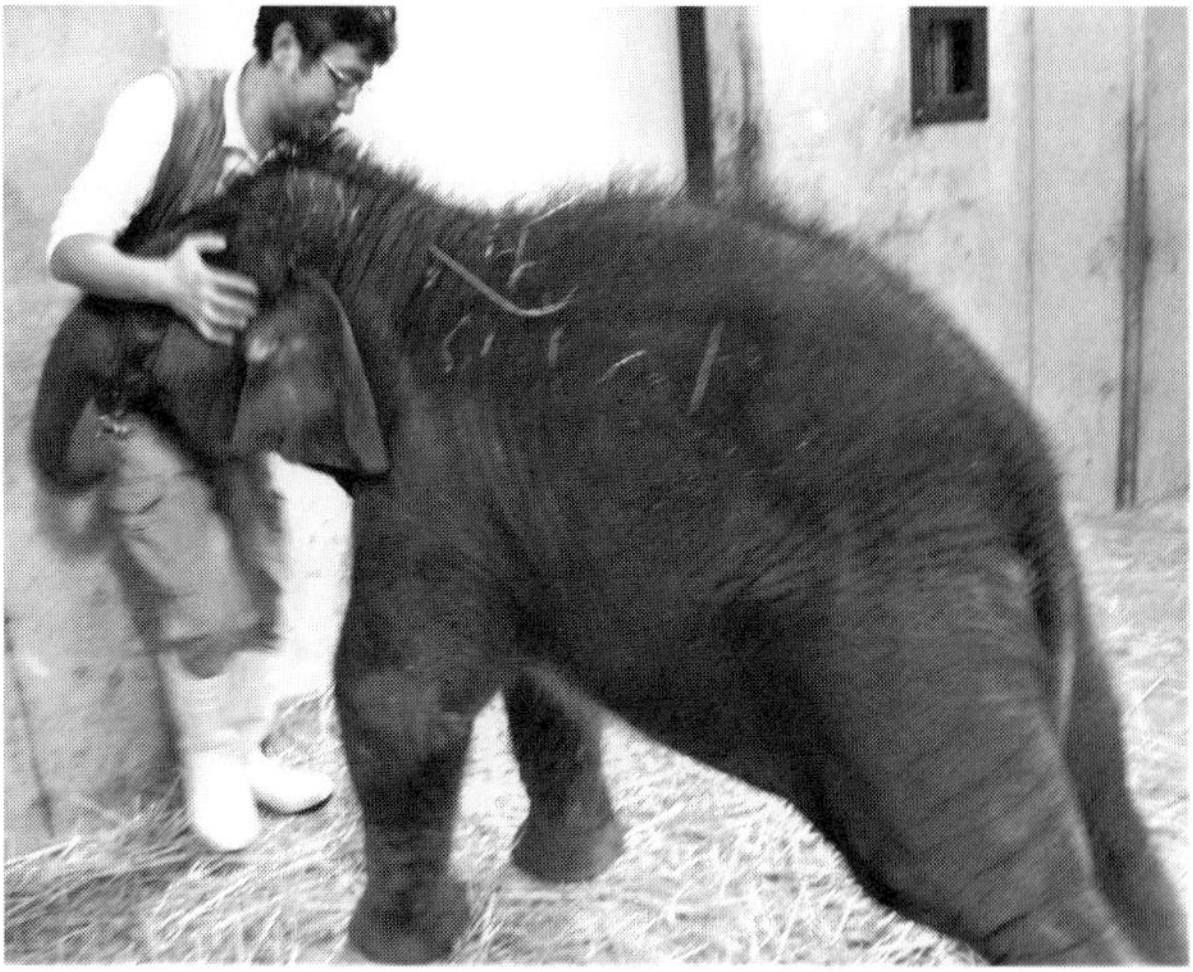

浜夏樹さんとアジアゾウのオウジ（筆者撮影）

動物園の一七〇種ぐらいいる動物は、そういう目的で飼っているわけじゃないし、それはできっこない。「じゃあ、動物園って何してるの」という問いに対して、野生動物のことを知るために研究しているんだと。そのために彼らはここにいるんですよと答えます」

スポットライトを浴びる「種の保全」に対して、地道な「調査・研究」の重さを説く言葉として受け止めた。

†文体からして楽しげな「レクリエーション」

ＪＡＺＡの示す四つの役割の最後「レクリエーション」の全文を掲げる。

天気のいい日、家族や友だちと一緒に、生き物を見にいくことは楽しいですね。動物園や水族館は、みなさんに楽しい時間を提供しているのです。楽しく過ごしながら、「命の大切さ」や「生きることの美しさ」を感じ取ってもらえるレクリエーションの場は、動物園や水族館にまさるところはないでしょう。ただ、生き物たちも見られることで緊張したり、疲れたりするので、生き物たちが快適に暮らせるように気を配っています。

その前の三項目とは文体から違っている。語りかけ調になり、なんだか楽しげだ。しかし、この娯楽性こそが動物園界にとっては、悩みの種だった。石田戢さんが『日本の動物園』で、見世物という言葉を「動物園関係者が一様に忌み嫌う」「動物園人には最大の侮辱的表現」と述べていることはすでに紹介した。

見世物を英語にして「動物園はメナジェリー（見世物小屋）ではない」という言葉を動物園関係者の多くが発し、また書いている。「収集・飼育・展示」というシンプルな定義で一致しないのも、命ある生きものを物化して対象化し、管理するという本質が露わになり、見世物小屋的な性格を否定しにくくなるということが大きいのではないかと思う。だから、定義に公共的な使命を持ち込みたくなるのではないか。

レクリエーションという役割が最後の四番目に出てきたことは、こうした事情と無縁ではないだろう。そこで、HPの文章もやや複雑な構造をとる。「楽しく過ごしながら、「命の大切さ」や「生きることの美しさ」を感じ取ってもらえるレクリエーションの場」という記述がそれだ。

単に「楽しく過ごす」だけでは足りず、命の大切さや生きることの美しさを感受することにつなげている。だが、それはむしろ「教育」機能に属するのではないか。娯楽性を少しでも薄めるために、教育という公共的な役割に、密かに回路を開いているように見える。レクリエーションという役割について、ほかの三つと同様に取材経験から何かを引き出して説明を加えたいと思ったが、断念した。ほとんどの回でわたしが、動物たちの姿形や行動を見たり、人間との関わりを聞いたりして、楽しんでいるからだ。

動物園という異空間を歩き回り、写真を撮り、話を聞くことは楽しい。そうして何かを知ることも、また楽しい。知（教育）と、楽しさや喜びはつながっている。

レクリエーションの説明は最後の一文で「ただ、生き物たちも見られることで緊張したり、疲れたりするので、生き物たちが快適に暮らせるように気を配っています」と述べ、動物にも配慮していると言い訳する。その一文は、なぜ書かれなければならなかったのか。その問いについて考える前に、基本的な問題を検討しておきたい。

†生きものにとっての不当さは消えない

ＪＡＺＡの四つの役割が果たされたとき、野生動物の「収集・飼育・展示」は正当化できるのか。まず、ＪＡＺＡが真っ先に挙げている「種の保存」について考えたい。

「種の保存」をしなければならない状況、すなわち、ある生きものの絶滅が深刻に懸念される状態を招くのは、現代では多くの場合、人間の営為によると思う。戦争や紛争、地球温暖化や開発、狩り、化学物質や核物質による汚染など枚挙にいとまがない。そうした環境破壊は、人間が地球上にはびこり繁栄する限り、増大していくに違いない。

ＪＡＺＡのＨＰは「数が少なくなり絶滅しそうな生き物たちに、生息地の外でも生きて行ける場を与える、現代の箱舟の役割も果たしているのです」と胸を張るが、動物園の動物の側から見たら、どのように映るだろうか。

われわれ生きものは、人間の科《とが》によって引き起こされた環境汚染や地球温暖化のために、種の存続が脅かされている。人間はその原因を除去することなく、対症療法的に生息地や動物園での種の保存を図る。われわれ生きものは、そのような保全のために、飼育される立場を強いられ、繁殖を促されている。理不尽というしかない。

教育・環境教育はどうか。

人間はいまや自然と切り離され、自然から遊離した存在となった。飼育されているその動物は、どのような生態を持ち、野生下ではどのような環境にいて、人間との関係はどうなっているのか。そのようなことを知り、考えるために、動物園での教育はあるだろう。

しかし、動物園での教育によって、いかに人間がまともになり、トータルな環境が改善するとしても、個体としての動物はそのために生まれてきたのではない。教育の素材とされることを、その動物が了解するということもあり得ないだろう。

研究もレクリエーションも、同じように人間の論理であり、人間の都合にすぎないという立論が可能だ。人間の都合のために、研究資料とされ、きつい言い方だが、慰《なぐさ》みもの（レクリエーション）となる。

こうして見たとき、動物園の人たちが動物園の役割を強調すればするほど、人間中心の論理に染まっていくことが分かる。「人間や社会の役に立っているのか」という動物園批判には、これで十分にこたえ得るかもしれないが、他ならぬその生きものにとっての不当さは、どこまでも消えない。そこに、生きものを愛する動物園の人たちの苦悩の根源があるのだと思う。

†五六文字の侵害極小化宣言

四つの役割がつまるところ、人間に対する説明にすぎないとすれば、ＪＡＺＡが「レクリエーション」の項の末尾に付け足しのように書いた文章は、思いのほか、重い意味を持ってくる。再掲する。

ただ、生き物たちも見られることで緊張したり、疲れたりするので、生き物たちが快適に暮らせるように気を配っています。

この但し書きは、それまでの文章とは位相が異なっていて、飼育動物を主体として書かれている。ごく短い文章だから、意を尽くしているとは言いがたいが、視点を転換させた結果、四つの役割の意味として述べてきたことを相対化する内容となった。

まず、飼育動物たちに負荷やストレスがあることを率直に認めた。そして、その要因として見られること（展示）を上げている。

しかし、ストレスの要因は「見られること」に限らないだろう。たとえば、多くの動物園に「ふれあい広場」や「子ども動物園」といったエリアが設定されている。そこでテンジクネズミ（モルモット）やウサギが抱かれたり、ヤギが触られたりしている。

もっと根本的なことを言えば、飼育され、生活の全領域にわたって管理されること自体が、生きものの本来の姿、生き方に反し、ストレスとなっているだろう。その個体が野生由来だとすれば、収集される場面でも大きな負荷がかかったに違いない。

こうして、動物園は収集・飼育・展示の各場面において、生きものたちに負荷をかけ、彼らの野生（生きる自由と死ぬ自由）を侵害している。そうだとすれば、飼育や展示の場面において、負荷を最小化し、侵害を質量ともに減らしていくように努めるのは、動物園としては当然の責務となる。だから、四つの役割の最後のわずか五六文字だけれど、この言葉が盛り込まれて良かったと思う。

この一文は「気を配っています」で終わっているが、アニマルウェルフェア（動物の福祉）を実現するための「環境エンリッチメント」という具体的な取り組みが広がっている。

わずか五五文字の宣言を今後、どのように位置づけるのか。その意味をどのように豊かにしていくのかが、理論と実践の両面で問われている。これこそ動物園水族館の定義にまで高められ、書き込まれるべき内容ではないかと、わたしは思う。

†公共性と商業性の相克もメディアに似る

動物園とメディアの構造の共通性については、すでに述べたが（第二章1）、四つの役割についても、メディアとの相似性を見いだすことができる。まず動物園のほうを見たい。四つの役割のうち、種の保存と教育や研究は、どこに出しても恥ずかしくない。動物園の人たちはそう考えているようだ。ところが、レクリエーションはそうはいかない。娯楽施設の性格を露わにするからだ。

野生動物を連れてきて展示するのが、人間の楽しみ、欲望の充足のためというのは、いくら何でもひどいではないか。三つの役割によって見世物小屋から脱却させ、せっかく環境保護や教育研究の拠点に引き上げたはずなのに、レクリエーションを強調すると、また見世物小屋に戻ってしまう。そう心配するのかもしれない。

だが現実から言えば、ジャイアントパンダが来たとき、また、その子どもが生まれたときの上野動物園の盛況は、珍獣を見たいという大衆の欲望を正しく反映している。その欲望に応えられるかどうかは、経営の安定や事業拡大の可能性を左右する。

公益の旗をどんなに高く掲げても、入園者が少なくては経営が立ちゆかない。経営が危ういなら、公益的な仕事に振り向ける人も予算も不足することもあり得る。教育といったところで、来園者が少なくては、知識も情報も多くの人に届けられない。

翻ってメディア企業はどうか。

報道機関は公共性・公益性の旗を高く掲げる。たとえば、共同通信の編集綱領は四項目から成り、第一項は「共同通信社は、世界の平和と民主主義の確立および人類の幸福を念願して、ニュース活動を行う」と高らかに宣言する。目標は「世界平和」「民主主義」「人類の幸福」である。

現実はどうだろう。芸能やスポーツニュースは娯楽として消費される。事件事故も、遠隔地の人や無関係な人の多くは興味本位に受け止めているのではないか。不道徳のそしりを恐れずにいえば「他人の不幸は蜜の味」という言葉もある。

そこで編集綱領の第二項は次のように述べる。「共同通信社は、国民が関心をもつ真実のニュースを編集し、これを国内の加盟新聞、ラジオ、テレビに対し、正確敏速に配信する」。このうち「国民が関心を持つ」という表現が、「関心事基準」ともいうべき判断要素を示している部分だ。娯楽性の強いニュースを報じる根拠はここにある。

日々の編集作業では、公共性の高い政治や経済の記事に対してさえ「もっと面白く」とか「見出しがつまらない」と注文が付く。多くの人が読む記事や売れる写真、動画を流したい。ネットの時代になってその要請はますます強い。

編集綱領の「国民が関心をもつ」という中立的な姿勢から一歩進んで「国民に関心を持たせる」「関心をあおる」というところまで進んでいるのではないかと、心配になる。

メディアも動物園も、公共性の高い存在であり、公益のために活動している。ところが一方で、娯楽性や商業性を抜きにしては、集客もおぼつかない。社会貢献どころか経営そのものが成り立たなくなる。動物園取材を始めたころ、動物園に要求される公共性と商業性のバランスは、メディアのそれと似通っていると感じ、勝手に親近感を持った。

長く取材を続けていく中で、しかし、こうした見方は少しずつ変容していった。

人間や自然が引き起こす事象を、メディアは文字や映像といった無機質な情報に変換して発信する。これに対して動物園は、生きものを生きたまま展示する。メディアと同じ構造的矛盾を抱えていると思われたが、この根本的な差異は、動物園にその矛盾を克服する道を開いていると、いまは思う。

3 ゾウのシンポジウムから広がる出会い

†求む！ 良き水先案内人

動物園や水族館を取材していくなかで多くの人に出会い、生きものと人間、社会について教えられた。それを起点に自分でも調べ、考えた。それは歴史的なことにも及んだ。

そのことを書く前に、動物園やメディアについてそうしてきたように、記者の仕事の定義を試みたい。

必要条件だけを考えれば、記者の定義はメディア組織のそれと重なる。情報を「収集・選別加工（執筆編集）・発信」する人である。代表的な辞典による「記者」の語義説明を見ると、「取材」「執筆」「編集」という言葉はあるが、「発信」が欠けている。

記者の仕事は発信によって完結する。したがって、定義から発信を欠落させることは、重要な点を見失わせると感じるが、ここでは深入りしない。

もちろん、組織内の記者の場合は、一連の仕事が分業化していたり、大きなニュースを扱うときは、さらに細分化したりするが、記者としての基本の形は、この定義に収まる。

情報の「収集」とは、取材行為であり、それなしには何も始まらない。

動物園を回り始めたとき、最初に取材を試みたのはズーラシアの増井光子さんだった。取材ではなく執筆依頼ではないかと思う人もいるかもしれないが、寄稿という形式で誰かの表現を受け取るのも、情報収集の一類型である。そしてそれは失敗に終わった。

増井さんは執筆依頼を断るとき、今後の取材へのアドバイスもしてくれた。それは結果として、連載企画の骨格となり、その後の取材の基本的な方向性をも決めることになった。この企画全体を支える「メタレベルの情報」を与えてもらったと思う。

実は、事件や事故の発生段階の取材対象は、警察や行政、当事者やその関係者といった比較的狭い範囲に絞られる。メディアスクラム（集団的過熱取材）と呼ばれる現象は、各社の記者・カメラマンが同じ対象に接近しようとするために起きる。

しかし、事象の背景や構造に迫る企画記事（放送なら特集番組）では、取材者の裁量が大きく、知識や問題意識も重要になる。多くの場合、記者は専門家ではないから、そのテーマに精通している人や、現場でその課題に取り組んでいる人を探すことになる。

つまり、どこの誰に取材するべきかを判断する情報（メタレベルの情報）こそが重要となる。「あの人が詳しいよ」「あの人がすごいよ」という情報だ。

「生きもの大好き」を書き始めた当時のわたしに即していえば、各回、どんな動物を素材にするのか、その動物について誰に語ってもらうかは、動物園や水族館の広報担当者の判断や差配に頼るしかなかった。

こういうとき、対象分野を公平に、視野広く見ている人がいて、その人がこちらの取材意図をよく理解したうえで道案内してくれれば、これほど好都合なことはない。良き水先案内人を得られれば、取材は半分以上終わったも同然だということは、先輩たちから聞かされてきた鉄則だった。

†会うべき人を浅倉義信さんに教えてもらう

迷子のようだったわたしに、幸運が舞い込んだ。

当時、世田谷一家四人殺害事件の被害者遺族、入江杏《あん》さんに取材を重ねていた。入江さんは柔らかく深くものごとを考える人だったので、雑談も楽しかった。そのとき、わたしはつい「動物園取材を始めたが、まったくの素人なので苦労している」と愚痴をこぼした。すると彼女が「東京動物園協会の理事長が縁戚なんですよ」と紹介してくれたのだ。

東京動物園協会（東動協）は、上野動物園、多摩動物公園、井の頭自然文化園、葛西臨海水族園の指定管理者である。都の直営だった四園が二〇〇五年度から指定管理に移行し、東動協が管理者に選定された。理事長はつまり、四園の経営者ということになる。

理事長の浅倉義信さんは都庁入庁時に多摩動物公園に配属された経歴があり、動物園についても見識が高かった。指定管理に移行したのと時を同じくして、建設局次長から理事長に任命されたのは、時宜を得た人事だったと思う。

動物園取材を始めて一カ月後の〇八年三月、東動協の事務所を訪れると、浅倉さんは穏やかに、偉ぶるところない人だった。丁寧かつ親切で、話の内容も具体的だった。その後も折に触れて浅倉さんと会い、話をうかがえたことは、動物園について考えを深めるためにも、取材先を決めるうえでも、本当にありがたいことだった。

ちなみに、なぜ建設局次長から動物園協会のトップに就いたのかといえば、東京都において動物園を主管しているのが建設局の公園部門であることによる。他の公立の動物園も、行政組織としては公園部門に位置づけられていることが多い。

先に触れた動物園の「四つの役割」のうち、教育を重視する人から見れば、教育庁（教育委員会）に連なっていないのはおかしいと思うかもしれない。種の保全に貢献することを期待するなら、自然保護に関係する部局に属するのが当然だ。公園部門にあるということは、市民がレクリエーションという役割を求めていることの反映と見ることもできる。そのせいか、これを否定的に捉える動物園関係者も少なくないようだ。

さて、浅倉さんが示してくれた海図は、その後の取材の大きなよりどころとなった。たとえば、その日のうちに上野動物園の教育普及係長、錦織一臣《にしきおりかずおみ》さんに動物や動物園についての基本的なことをレクチャーしてもらえた。

早い時期に、福島県いわき市のアクアマリンふくしまの館長、安部義孝《よしたか》さんと会い、珍獣主義の呪縛から脱け出せたのも、富山市ファミリーパーク園長の山本茂行さんが新しい形の動物園を構築していることを知ったのも、浅倉さんのおかげである。

すでに述べたように、動物園の四つの役割について、最初に教えてくれたのも浅倉さんだった。そのうち、種の保存や教育を重視する流れが強まっているが、浅倉さんは「レクリエーションは外せないと、わたしは思う」と明言した。

大きなヒントをもらったと思う。最初は経営的な意味で重要なのだと受け止めたが、もっと深い意味があったことを、少しずつ学んでいくことになった。

†錦織一臣さんの基礎的だが深い話

東動協の理事長室を辞去し、その足で上野動物園の東園事務所に錦織さんを訪ねた。東園事務所は東動協の事務所から歩いて五分とかからない場所にあった。

錦織さんはどこか心の余裕を感じさせる人で、それが巧まざるユーモアとなってにじむ。知識も幅広く、初対面の一時間で動物園を取材する鍵をいくつも教えてもらった。

鮮明に記憶に残っているのは、人と生きものの関係に関する説明だった。

「人と生きものがどんなふうに接触しているか考えると、見る・触る・かわいがる・食べる・飼うといったさまざまな形があります。動物園における来園者と動物の関係は「見る―見られる」、子ども動物園はこれに「触る―触られる」が加わります。触ることで鼓動を感じ、命を知ることができます」

人と動物の関係としては、ほかにも「使役する・(実験動物などとして)利用する」といった態様もあるだろう。多くの現代人は、実は多くの生きものと多面的に関係しつつ生活しているのに、それが間接的で見えにくく、ほとんど意識していない。当時のわたしも、生きものとの関係をまともに考えたことがなかった。だからこそ、錦織さんの説明を新鮮に受け止めたのだと、振り返って思う。

動物園原罪論の核心に迫る言葉も聞いた。

「動物園は、動物を飼うことを許さないという人からは存在を否定されるしかないけれど、飼うことを認めてもらえたら、対話はできます」

今年(二〇〇八年)が「国際カエル年」であることも教えてくれた。温暖化や酸性雨、農薬などの化学物質による汚染、水辺の開発によって両生類が減っていて、それにツボカビという感染症が加わり、多くの種が絶滅するのではないかと心配されていた。これがトウキョウダルマガエルの取材につながった(第二章2)。

知らない話はまだ続く。「絶滅危機の話はどうしても野生動物のことになるけれど、在来家畜のウシやウマも人知れず存亡の危機に直面しています」。だから上野動物園は在来家畜の野間馬《のまうま》や見島牛《みしまうし》を展示し、現状を紹介していくつもりなのだという。

飼育係の仕事には、命の危険が伴う場面が少なくない。それも知らなかった。

「トラやライオンといった大型肉食獣の危険性はイメージできると思いますが、おとなしそうに見える動物でも、体の大きさや力の強さが人間よりはるかに強大なものは、接するときに十分に注意しなければいけないんです」

アリクイに抱きつかれると、長い爪がすーっとこちらの体に入り込んで、内臓にまで達することがある。ゾウと人の体重差は百倍もある。「自分がそこにいることを知らせないと踏みつぶされたり、ゾウが振り向いただけで飛ばれたり、たたきつけられたりすることもあります。それにゾウは飼育係を選ぶんです」

ゾウに嫌われたゾウ係は危ないのか。驚くわたしに、耳寄りな情報も付加された。「近くゾウのシンポが開かれますよ。ゾウを研究している東大の大学院生の企画で、上野と多摩、東大の共催です」

その公開シンポジウムについては後述する。そこで大切な人たちと出会うことになったのだから、教えてくれた人には感謝しかない。

人と動物の関係の多様さと並んで強く印象に残ったのは「動物園がやってはいけないこと」だった。そう聞いて「動物を死なせてしまうことですか」と問い返すと、違った。「まだ若い動物が死んだら、先天性の異常などは別として、「死んでしまった」のではなく、「死なせた、殺してしまった」というぐらいの気持ちで飼育しなければなりませんが、いずれ動物は死ぬということは覚悟しなければならない。恥じることではありません」
そうか、生あるものは必ず死ぬ。それは自然の摂理だった。ではやってはいけないこととは？

それは「逃がしてしまうこと」だった。

確かに、動物園の動物が脱出したというニュースが報じられることがある。街を不安に陥れたり、人間に危害が及んだりするケースもあった。錦織さんが「逃がすことはあってはならない」と言ったとき、わたしはそのような意味で理解した。人間のためにつくった施設が逆に、人間社会に恐怖や危険を与えてはいけないのだと。

でもやはり、何よりも動物の命のほうが大切ではないかと、疑問も消えなかった。だが、錦織さんの考えはもっと深いところにあったことが、本書を書くために錦織さんとやりとりする中で分かった。

「動物を逃がしてはいけない」という鉄則は、絵本『かわいそうなぞう』で知られる戦時下の猛獣処分にもつながっている。それに触れる第三章1で考えたい。

†二刀流にチャレンジする

錦織さんによって「国際カエル年」を知ったわたしは、早速、カエルの取材にトライした。連載九回目「ヤドクガエル」の前半を引用する。

あざやかな青色のまだら模様、小さな体。じっと動かない。つやつやしてゴム製のおもちゃのよう。でもちょっと目を離すと……あれっ、ちがう場所にいる。「だるまさんが転んだ」みたいだ。

ヤドクガエルの仲間は南米などにいる。緑や黄、赤の原色に派手な模様が入る。この青いのはコバルトヤドクガエル。

「毒があるから食べたら大変だぞと警告しているんです」と上野動物園の飼育員、斎藤祐輔さん。現地の人たちが矢にぬって毒矢にしたので「ヤドク」の名が付いた。でも毒は自分でつくるのでなく、アリなどを食べて、その毒をためている。だから動物園にいるものにはほとんど毒はない。

生きものに無知なわたしだったが、ヤドクガエルは知っていた。美しいとか鮮やかというより、毒々しいといった形容が適切なほどの原色。村上龍さんの小説『半島を出よ』の表紙の絵で知った。〇五年三月の出版後間もなくそれを読み、地球にはこんな体色のカエルが存在するんだと驚いた。それが上野動物園にいた。

生きものを育てるとき、食こそが大事だということを、多摩の昆虫生態園に続き、この取材でも学んでいる。記事の後半部分。

とても素早い。目の前のえさをいつ食べたか分からないほど。「ぼくはカエルの方を見ずに、カエルが見ているえさを見るんですよ。なくなったら食べたということ」。それで、だるまさんが転んだみたいだったんだ。

育てるには、えさが大事だ。カエルは動くものしか食べない。上野動物園はコオロギを育てている。でも、アリが入ると卵を食べられてしまうし、温度や湿度が合わないと全部死んでしまう。（後略）

バックヤードで育てているコオロギを見せてもらった。「背中のところに黄色のもようがぽんぽんとある。それでフタホシコオロギというんです」。昆虫館なら展示されていてもおかしくないのかもしれない。しかし、ここでは餌として育てられている。

この取材は、わたしにとって大きな転機となった。当時、写真は写真部出身の編集委員だった有吉叔裕《としひろ》さんと萩原達也さんにお願いしていたが、わたしもメモ代わりにコンパクトカメラで動物や展示説明を撮影していた。有吉さんはわたしが撮ったコバルトヤドクガ

はな子（筆者撮影、写真提供・共同通信社）

エルの写真を見て「これなら十分、出稿レベルに達しているよ」と言ってくれた。

駆け出しから数年間の支社局時代は写真取材もしたが、本社に来てからはほとんどカメラマンにお任せ状態だったわたしが、記事と写真の「二刀流」にチャレンジしようと思ったのは、有吉さんのその言葉のおかげだった。一眼レフのカメラを買い、メーカー主催の初心者講座に参加して、操作を学んだ。

文末の署名が「文・佐々木央、写真・有吉叔裕」から「文・写真、佐々木央」にかわったのは連載一五回目、井の頭自然文化園のアジアゾウ、いまは亡きはな子を取り上げた回からだった。

カメラを構えると、こちらと動物の間

の距離を意識し、その間に何があるかということを改めて認識する。動物とわたしを隔てているのは、ガラスなのか、網なのか、それともモート（堀）なのか。それによって写真の撮り方が違ってくる。

ガラスの場合は、映り込みが写真を台無しにすることがある。だから黒や濃紺の服で出かけるようになった。撮った後で確認して初めて、背景の良し悪し、木や構造物の影に気づく。好天が撮影日和とはいえない。陰影が強く出て、影の部分が見えなくなる。人間の目は無意識にガラスの映り込みを捨象し、網を抜けて対象だけに注目し、コントラストを緩和する。補正をかけて見ていることを知った。

静止画だけれど動きのある写真が撮りたい。だからじっと待つ。そうすることで見えてくる光と影の変化、生きものの小さな動きもあった。

ものごとをもっぱら言葉に変換して把握する記者のやり方と、不十分ではあっても、映像として表現するカメラマンの視線の両方を重ね合わせるようになった。いや、そんな程度の高い話ではない。もっと単純に、満足がいく写真が撮れるまで、生きものたちを長時間、よく見るようになった。

†入江尚子さんの魅力的な応答を記事に

入江尚子さんとアジアゾウのアーシャ（本人提供）

上野の錦織さんが教えてくれたゾウのシンポジウムは「ゾウから知る、ゾウを学ぶ　ゾウオロジー2008」と題され、二〇〇八年三月二九日、東京・本郷の東大農学部キャンパスにある弥生講堂で開かれた。

講演したのは、動物の解剖研究を専門とする東大総合研究博物館教授の遠藤秀《ひで》紀《き》さん、ゾウの認知能力を研究している東大大学院生の入江尚子《なおこ》さん、神戸市王子動物園の獣医師、浜夏樹さんらで、浜さんについてはすでに、四つの役割の調査・研究のところで登場してもらった（第二章2）。

シンポの企画者でもある入江さんを紹介しておきたい。このときの演題は「アジアゾウの認知——算数の能力」だった。その内容は、研究の正式発表を待って五カ月後の八月末に「生きもの大好き」とは別の記事として配信した。「アジアゾウは足し算が得意／高い能力、東大院生研究」という見出しで、本文は次のように書き出している。

アジアゾウに二つの足し算の結果（和）の大小判断をさせたところ、高い割合で正答し、優れた数量認知の能力を持つ可能性があることが三一日までに、東大大学院文化研究科博士課程の入江尚子さんの研究で分かった。

数の大小判断は、霊長類を含むほとんどの種で、数が大きくなったり差が小さくなったりすると成績が落ちるが、アジアゾウは数が大きくても、差が小さくても成績が落ちなかった。入江さんは「ゾウがほかの動物とは違った特別の仕組みで数量を認識している可能性がある」と話している。（後略）

だが本当に書きたかったのは、研究とは別のことだった。翌日配信した「時の人」という人物記事の枠で入江さんを取り上げ、それを書き込んだ。

幼稚園の先生からの連絡帳に「触ってはいけない虫もいることを尚ちゃんに教えて

ください」と書かれた。毛虫を捕まえる。ナメクジは腕にはわせる。母はひらひらの服を着せたがったが、花柄のワンピースのまま、どぶに入って嘆かせた。生き物は何でも好きだった。

動物の心理研究は霊長類が花形でゾウはほとんど未知の分野。初め研究対象に選んだのはそれが理由だったが、東大四年のとき、スリランカで野生のゾウを観察してとりこになった。

「大きい目、ぱたぱたの耳、おしゃれな鼻……ルックスはもちろん文句の付けようがないけれど、本当の魅力は豊かな内面だと思う」。群れで生活し、強いきずなで結ばれている。頭がいい。やんちゃな一面もあるが、協調性も高い。「このためなら一生続けていけると思ったのは初めてでした」

いま「研究者ほど動物の視点に立てる仕事はない」と自負する。

「ゾウがこんなにいろんなことを考えてるって知ったとき、感動しない人はいないんじゃないかな。そして、動物と人間の境界はそんなにはっきりしたものじゃないって知ってほしい。それは今の局所的な自然保護のやり方を変えると思う」

シンポジウムで足し算の研究を説明したとき、小学生から「引き算はできるの」と問われて答えた。「えさを取り上げたくないんです。君が大きくなったら研究して」

記事末尾のシンポジウムというのは、五カ月前の「ゾウオロジー2008」のこと。どうしても書きたいと思ったのは、この会場での少年とのやりとりだった。

†遠藤秀紀さんの扉をたたく

ゾウのシンポジウムで最初に登壇した東大教授、遠藤秀紀さんの講演のタイトルは「ゾウの死体の永久保存を目指して」だった。動物園の生きものを取り上げる「生きもの大好き」で、死体やその解剖を取り上げることはありそうもない。

しかし、当時のわたしには、面白そうな人には取りあえず当たってみるという戦略しかなかった。高いアンテナを持って動物や動物園について語ってくれる知り合いは、東動協の浅倉さんぐらいしかいなかった。

講演を聞くと、遠藤さんはゾウだけでなく多くの動物の解剖を手がけていた。内容も歯切れよく、学者としての姿勢の確かさと研究の蓄積が感じられた。二カ月後、遠藤さんの研究室を訪ねた。

何かヒントがもらえるかもしれない。うまくいけば連載にも登場してもらえるかも。そんなぼんやりした訪問だったから、趣旨説明からして難航する。遠藤さんはしかし、頭の回転が速く、分かる部分を吸い上げ、類推しながら応じてくれた。

要領を得ないわたしの説明を整理すると、こんな内容だった。

「動物園の動物を取り上げて、そこから飼育係でも獣医師でも、その動物との関係を取材している。シンポで一緒に講演された浜さんには、ゾウの繁殖や成育について聞いた。連載一回目はドゥクラングールで、ベトナム戦争の枯れ葉剤にも触れた。その企画で遠藤先生に協力していただけないかと」

説明が終わった瞬間、遠藤さんがさっと聞く。

「トータルで何回ぐらい？」

「一年はやるつもりです」

「五〇回ですか。いま何回？」

「一〇回ちょっとです」

「まだまだ初期ですか」

「どういうふうにやっていくかも固まっていなくて……」

「楽しい時期ですね」

思い悩むことを「楽しい」と言われ、それだけでな

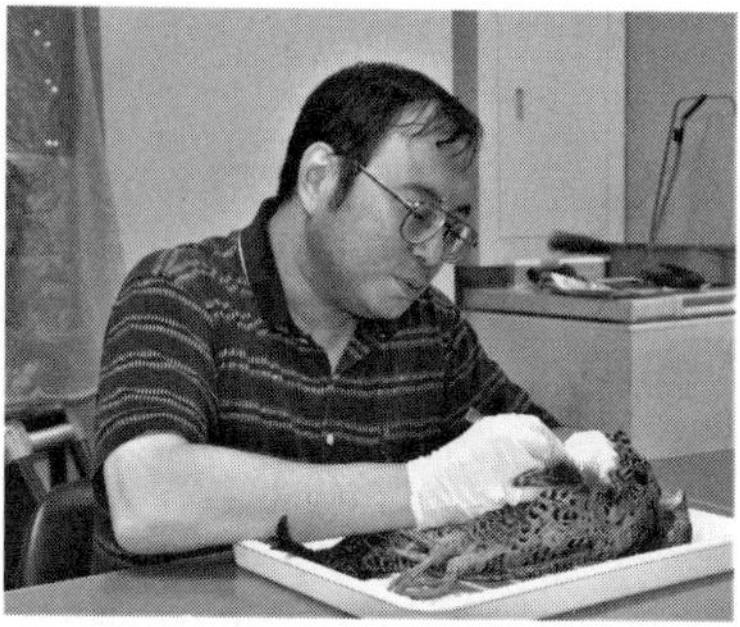

鳥を解剖する遠藤秀紀さん（筆者撮影）

んとなく心が軽くなった。遠藤さんはさらに、企画の趣旨を学問的な枠組みで位置づけてくれた。

「扱っておられるのは、ヒューマン・アニマル・リレーションズに近い。単なる生物学の話ではなく、もう少し全体的なバイオロジー、新しめの視点としては「人と動物の関係学」というのがあって、動物をめぐる人間社会や人間個人についての学際的な研究対象として十分あり得るんじゃないかと思いますよ」

わたしが理解できないでいると見て、さらに説明してくれる。

「考えてみればそうですよね。動物や植物を客観的な研究対象として厳格に考えれば、理学部の中でやるしかないですよね。ところがそうじゃない。畑つくったって、そこに植物が入っているし、シカがやってきて、さあどうするか。殺して畑を守っていたけれど、殺すのはいけないということになったりする。地球環境は外交問題になっていって、そうすると次に起きることは、動植物を遺伝資源として捉えて、国家で囲ってしまう考え方も出てくる。人類、人間社会と動植物・生きものの関係は十分に学問として論じられる対象になっています。すごくタイムリーな企画だと思います」

この十数年間の地球環境問題や遺伝子資源をめぐる国際的な動向を見るとき、遠藤さんの話は先見性に満ちたものだったが、わたしに理解できたとはいえない。ただ、励ましてくれたことは分かって、うれしかった。

その後の対話は、遠藤さんの視野の広さを反映して多岐にわたった。生きものの見方、捉え方から始まり、人類と自然の関係、研究者にとって表現とは何か。

その中には、動物園とそれを扱うメディアや社会を憂える言葉もあり、わたしへの励ましはこの認識を踏まえていたようだ。採録しておく。

「マスコミが動物園を扱っているのは、レッサーパンダが立ったとか、イルカが泡の輪をつくったとか。動物園はマスコミに売り込みたい。記者は難しいことを考えるのは面倒だから、読者が面白いと思う記事を書けばいい。恐ろしいことです。いま、動物園や博物館は行政改革によって教育をやめてくれと言われている。営利組織に衣替えするか、淘汰されてくれと。なぜ動物園が切符をたくさん売らないと経営者から怒られるのか、マスメディアはそのことをもっと突っ込まないと。遊園地化して教育や研究をつぶしていくという動きは、国民の教育機会を奪う。それに抵抗しなくてはいけない。二本足で立つレッサーパンダをもてはやすのは大衆迎合です」

こうしたメディア状況は、残念ながら今もそう変わっていない。

この日、話していく中で遠藤さんにお願いできたのは、連載記事の中で書くことに窮《きゅう》したとき、動物の見方や捉え方を教えてもらうということだったが、その後、ものごとを俯瞰的に捉える視点や個別事象の分析まで、多くのことを教えていただいた。その一部はこのあと紹介したいと思う。

†「かわいそうなゾウ」の骨どこへ？

遠藤さんの話をレコーダーから書き起こし、論文や著書も読んでみると、「生きもの大好き」という連載にはとても収まらないことが分かった。知に対する彼の姿勢は、いまの日本社会や日本の科学の歩みをも批判的に照らしていると思われた。なんとか記事にできないか。

そんなとき、翌年（〇九年）の国内通年企画の副編集長を担当することになった。共同通信から加盟新聞社に配信する毎週の連載記事で、紙面のほぼ一ページを占有する大きな枠だ。

その企画の〇九年の統一テーマは「ニッポン近代考」と決まった。それなら遠藤さんを取り上げることができる。そう思ったとき、もしかしたらわたしは、小躍りしたかもしれない。夏の終わり、再び本郷の研究室を訪ねた。

説明が拙《つたな》かったのだろう。一通りわたしの話を聞いた遠藤さんは「違和感がある」と切り出した。日本の近代を考えるという企画コンセプトから言えば、人間の営みの一領域に過ぎない「科学」を取り出し、その一分野に過ぎない「生物学」に接近し、さらにその中で「遺体科学」に焦点を当てるのは「得策とは思えない」。

どれだけ辺縁に行こうとしているのかと、わざわざ、ざら紙に図示されてしまった（その紙はいまも大切に持っている）。「（日本の近代について）いろんな語り方ができるのに、いきなり一〇〇分の一のところに来たように見える。協力しましょうと言ってしまえば済む話だが、イメージがわきにくい」

冷静かつ客観的な判断に基づいて、わたしのために言ってくれていることは明らかだったが、企画はいきなりピンチに立たされた。

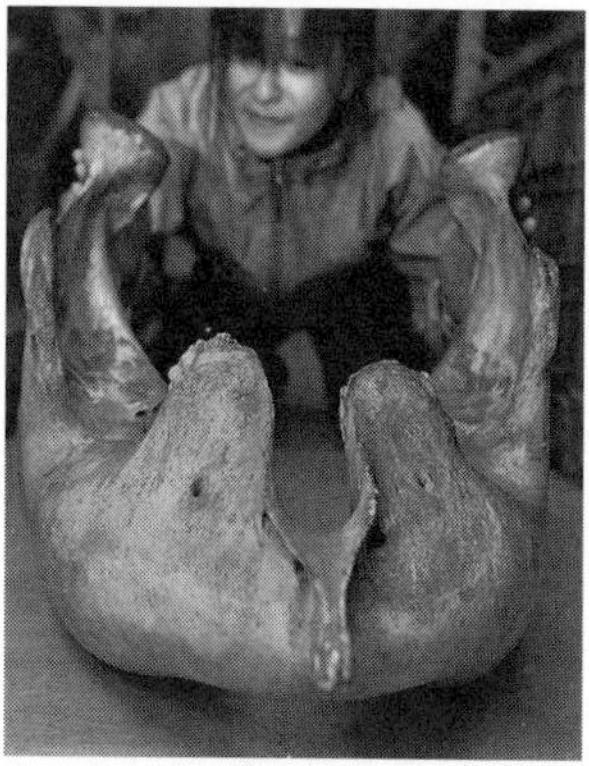
伝説があったアジアゾウの骨（写真提供・共同通信社）

わたしの頭の中には、遠藤さんの研究内容に加えて、断片的な素材として猛獣処分や忠犬ハチ公のこと、表現の自由の問題などが絡まり合っていた。それらを解きほぐす記事にするつもりだったが、絡まり合った状態だから説明は難航した。
対話が一時間に及んだ頃、遠藤さんが折れた。

「熱意に打たれてお引き受けしましょうか。一生懸命説明してくれたこととプロ意識との間で（企画に）貢献しましょう」

その後、何度か研究室を訪問し、遺体解剖の現場も見せてもらった。一〇月末には取材を終えたが、執筆のためのまとまった時間がとれない。一一月下旬、札幌の円山動物園を訪れて取材したあと、夜中のホテルで書き始め、明け方近くまでかかって一気に書きあげた。

記事のタイトルは「かわいそうなゾウどこへ？／「伝説の骨」は偽物／生物学の負の歴史象徴」。引用する。記事は敬称を略している。

それは多くの動物の骨に交じって、棚の下にひっそりと置かれていた。

東京・本郷、東大総合研究博物館の標本保管室。出してもらうと大人の腰掛けになりそうなほど大きく、ずっしり重い。「戦時中の猛獣処分で殺されたゾウの下顎骨」。そう言い伝えられてきた。

本当なら、ほかのどこにも残っていない宝物だ。だが東大関係者が一九九八年、その〝伝説〟を『どうぶつと動物園』（東京都動物園協会刊）に書くと、動物園関係者から「そんな物はないはず」という声が噴き出す。

「東大が中心という意識があるからか、ここにはそういう伝説がいくつかある。だが猛獣処分は重い歴史だ。語るならまず、科学的な検証があるべきだ」。当時国立科学博物館にいた遠藤秀紀東大総合研究博物館教授が調査に乗り出す。遠藤を駆り立てた思いはどこから来たのか――。

▽定説覆す

遠藤は動物の「遺体研究」が専門。ジャイアントパンダの把握動作の研究では定説を覆した。

パンダはクマの仲間。クマの前足の指は五本とも同じ方を向き、打撃には適するが、親指が対向しないので物を把握することはできない。なぜ竹を握ることができるのか。欧米の学者が謎に挑み、九〇年代まで、親指の下の骨が伸びた「偽の親指」で竹をつかんでいるという説が有力だった。

遠藤は九四年、上野動物園のフェイフェイを解剖し疑問を持つ。偽の親指は動かなかった。「可動性がない指で物をつかむことができるのか」

九七年、ホアンホアンが死んだ。遠藤は今度は〝画像のメス〟を入れる。竹ぐらいのチューブを握らせ、体の中を輪切りにして見るコンピューター断層撮影にかけた。

結果は遠藤を驚かせた。「偽の親指」の反対、小指側で、本来は歩行に使われる副《ふく》手根骨《しゅこんこつ》と呼ばれる骨が「偽の親指」とともに竹を挟んでいた。「七本目の指」。五本の指に対向する二本の偽の指が竹を挟み込む。それがジャイアントパンダの把握システムだった。

遠藤は徹底して現場にこだわり、現物にこだわる。動物が死んだと聞けば駆けつけ、解剖する。

▽若すぎる

絵本や教科書で知られる上野動物園の猛獣処分は四三年。猛獣が逃げ出して人に危害を加えるのを防ぐためだったとされる。上野の関係者は、ゾウを仙台に移して延命させようとするが、都の幹部は許さない。やむなく毒殺を試みる。だがゾウは賢く、毒入りのえさを食べない。結局、三頭とも餓死させた。

「動物園の人たちは（中略）声を上げて泣きだしました。その頭の上を、またも爆弾を積んだ敵の飛行機が、ごうごうと東京の空に攻め寄せてきました。どの人も、ゾウに抱きついたまま、こぶしを振り上げて叫びました。「戦争をやめろ。」「戦争をやめてくれえ。やめてくれえ。」」（金の星社刊『かわいそうなぞう』、原文は平仮名）

東大に残されたのは、そのゾウの骨なのか。遠藤は文献を調べ、多くの関係者に直接当たるが、決定的な証拠はない。最後に向かったのは、目の前にある骨だった。

ゾウの歯は上下左右一本ずつで一セット。古くなると奥から来る四本に押し出される。一生に六セット。何セット目で、どの程度摩耗しているかで年齢が分かる。遠藤の結論は「残された骨はあまりにも若く、猛獣処分のゾウではあり得ない」。殺された三頭はジョンが二三－二四歳、トンキー二〇－二二歳、ワンリーは二八歳ぐらい。だが下顎骨は「一五歳以上二〇歳未満」。冷厳な事実だった。

▽全部見る

調査過程で遠藤は、猛獣処分の動物遺体について、研究がほとんどなされていないことを知る。

処分を悲しみながら、遺体に学ばず、標本すら残さない。日本の近代生物学の負の歴史を象徴している。遠藤はそう感じ、調査をまとめた論文を次のように締めくくった。

「解剖学・病理学が無思慮に分子生物学に衣替えし、多くの標本を遺棄しようとしている今日、事件の歴史そのものがわれわれに多くの教訓を示していることは間違いない。（中略）厳しい自己批判のもとに解剖学・遺体科学の発展を模索する決意を新たにしている」

その決意は、短期的な成果を優先し、純粋な知的好奇心に基づく研究を軽んじる現代の学問全体をも射ている。

研究室を訪ねた。取り組んでいたのは昨春、上野動物園で死に、冷凍保存していたパンダ、リンリンの腕。メスとピンセットで少しずつ筋肉をはがしていく。

「自分が好きな部分しか見ないのでは解剖学にならない。とにかく全体で仕事をしながら、自分のセンスで戦える部分で世界と渡り合う。興味があろうが、研究テーマであろうがなかろうが、とにかく全部見たい」

第三章

動物園で学ぶ

1 『かわいそうなぞう』の虚構と真実

†本質的使命を果たしているか

遠藤さんの記事の終盤で、猛獣処分のゾウの骨かどうかを考究した論文の締めくくりの言葉を引用したが、引用部の前の言葉も含めて読むと、指摘はわたし自身にも突き刺さってくる。本章のテーマとも関わってくるので、省略した記述も含め、指摘の全体を紹介したい。

本検討は、特定の事件にまつわる遺体の追跡という形をとったが、図らずも、わが国の歴史的遺産、学術標本の収蔵・研究体制が非力であることを痛感する結果となった。この不幸な事件では、ゾウ以外にも様々な遺体が獣医学・解剖学の研究現場に提供されたことは明らかである。しかし、東京帝国大学関係者をはじめとし、それらの遺体から成果を後世に残し、標本を収蔵するという学者としての本質的活動に尽力した者は、多くはなかった。解剖学・病理学が無思慮に分子生物学に衣替えし、多くの標本を遺棄しようとしている今日、事件の歴史そのものがわれわれに多くの教訓を示していることは間違いない。著者らは博物館および大学の研究者として、貴重な標本が残されず、十分な研究成果が出版されなかったという現実を見つめ、厳しい自己批判の元に解剖学・遺体科学の発展を模索する決意を新たにしている。(「太平洋戦争中の東京都の猛獣処分に関連するアジアゾウの遺体について」日本野生動物医学会誌五巻)

遠藤さんは、猛獣処分という不幸な事件の「遺体から成果を後世に残し、標本を収蔵する」ことを「学者としての本質的活動」と述べる。そしてその活動に尽力した者は「多くはなかった」と厳しい視線を向ける。

わたしたち記者やそれを束ねるメディア組織もまた、事実を記録し、後世に残すことを「本質的活動」とし、使命としているといえるだろう。過去において、それは正しく行われてきたか。いまはどうか。遠藤さんの問いをわが問いとして自らに向ければ、胸を張ってイエスと答えることは難しい。

遠藤さんの記事を書くために、日本の動物園の歴史における最大の悲劇、いわゆる猛獣処分の資料を集めるうちに、広く読まれている反戦童話『かわいそうなぞう』(土家由岐雄作)の記述に、事実と異なる部分があることを知った。遠藤さんの姿勢をわずかでも共有していくために、猛獣処分の事実と童話の異同を少し詳しく見ていきたい。

†空襲はなかったのにゾウが殺された

『かわいそうなぞう』と史実の齟齬をおそらく最初に指摘したのは、児童文学評論家の長谷川潮《うしお》さんである。長谷川さんの評論「ぞうもかわいそう」(『季刊児童文学批評』一九八一年九月号)に依拠しつつ、どこが事実と違っていて、どんな問題があるのか見たい。

なお、長谷川さんは猛獣処分を「猛獣虐殺」と呼ぶが、確かに「処分」はことの本質を見誤らせる言い換えだと思う。また殺害対象には、猛獣と呼ぶのにふさわしくないゾウやヘビなども含まれている。そこで猛獣を単に「動物」とし、「虐殺」よりも客観的な表現として「殺害」を選び、以下「動物殺害」と呼ぶことにする。

童話「かわいそうなぞう」には、絵本版、文庫版、そして作者の娘が訳した英語版の三種類のテキストがあるが、以下の引用は最も読まれている絵本版に基づく。

絵本は冒頭、戦後ののどかな動物園風景を描写したあと、戦時中に遡る。

　そのころ、にっぽんは、アメリカと　せんそうを　していました。せんそうが　だんだん　はげしくなって、とうきょうの　まちには、まいにち　まいばん、ばくだん

が　あめのように　ふりおとされて　きました。
そのばくだんが、もしも、どうぶつえんに　おちたら、どうなる　ことでしょう。
おりが　こわされて、おそろしい　どうぶつたちが、まちへ　あばれだしたら、たいへんなことに　なります。そこで、ライオンも、トラも、ヒョウも、クマもダイジャも、どくをのませて、ころしたのです。
三とうのゾウも、いよいよ　ころされることに　なりました。

長谷川さんがまず指摘するのは、殺害時期の問題だ。東京への初空襲は一九四二年四月一八日、いわゆる「ドーリットルの空襲」である。これは一種の奇襲であり、次の空襲が四四年一一月二四日に行われるまでの約二年半の間、空襲はなかった。この二回目以降に、激しい空襲が続くことになる。とすると、絵本が連日連夜、空襲を受ける中で動物を殺害したという状況設定は、事実に反する。

評論「ぞうもかわいそう」で長谷川さんは、この点について次のように述べる。

『かわいそうなぞう』
金の星社

結果的には雨のように爆弾が落とされたのだから、空襲開始後に殺したように書いても、大した違いはないと言えるだろうか。決してそうではない。実際に危険が生じているということと、危険を予測してというのでは、虐殺を必要やむを得ないものと見るか、他の手段の可能性があったのではないかと考えるか、という差を生む。

このことは法的に言えば、緊急避難として正当化できるのかという問題になるだろう。上野動物園の人たちは四三年八月から九月にかけて、飼育する動物一四種二七頭を殺した。これが評価の対象となる行為である。「二七頭」に疑問があることは後述する。

理由もなく動物を殺してはならない。現代人の共通認識だが、刑法には動物殺害罪はない（現在は動物愛護管理法が、愛護動物の殺傷や虐待を刑事罰の対象とするが、当時はそれもない）。しかし、上野動物園は東京都の管轄であるから、動物たちのほとんどは都の所有だったはずだ。それを殺すことは、器物損壊罪に問われる。では状況や動機によっては許されるのか。

絵本によれば、殺害の理由は、空襲によって檻が破壊され、動物たちが逃げ出して、大変なことになるのを避けるためだった。「たいへんなこと」とは、動物が市民に危害を加えること、あるいは、市民を大パニックに陥れることだろう。

緊急避難に関する刑法三七条一項本文は「自己または他人の生命、身体、自由または財産に対する現在の危難を避けるため、やむを得ずにした行為は、これによって生じた害が避けようとした害の程度を超えなかった場合に限り、罰しない」と定める。

緊急避難が成立するためには「現在の危難を避けるため」という条件がある。将来「きっと起こる」といった程度ではなく、その危険は切迫していなければならない。そうだとすれば、長谷川さんの指摘する通り、連日連夜の空襲に見舞われていたのか、東京の空がまだ平穏だったのかは、その行為が正当化されるかどうかのカギを握ることになる。

連日連夜、空襲を受けているなら動物殺害はやむを得ないこととして肯定され「否定されるのは戦争という大状況」になってしまうと、長谷川さんは述べる。

上野動物園の動物殺害は、空襲が激化する一年以上前に実行された。動物の脱出による被害や混乱を予防するためだとしても、「現在の危難」ではないので、法は許容しない。ぎりぎりまで殺害しない方法を探りなさない。法はそう要求する。

上野動物園の人たちが、ゾウを延命させるために懸命に努力したことは記しておく必要がある。『上野動物園百年史』（以下『上野百年史』）は資料編と合わせて一四四五ページに及ぶ大著であって、記録を残すことへの誠実さを強く感じさせる。動物殺害についても、残された資料を可能な限り記載しているようだ。

それによれば、せめて一部のゾウと動物だけでも、地方の安全な動物園に疎開させることはできないかと交渉し、仙台動物園にゾウ一頭を疎開させる話がまとまったが、移送直前で頓挫する。命令者が許さなかったのだ。

✝殺害を命じたのは軍部ではなかった

これほどまでに動物殺害にこだわったのは誰か。ここで長谷川さんが指摘する第二の問題に遭遇することになる。絵本の当該部分を再掲する。

おりが　こわされて、おそろしい　どうぶつたちが、まちへ　あばれだしたら、たいへんなことに　なります。そこで、ライオンも、トラも、ヒョウも、クマもダイジャも、どくをのませて、ころしたのです。

長谷川さんは厳しく批判する。「いったいだれが虐殺を決定し、指示したのか。そこのところが「そこで」という一個の接続詞だけで、すりぬけられてしまったのである。（略）戦争という大状況しか批判しえないこの作品の構造が、この部分で端的に明らかにされていると言えよう」

絵本が「そこで」とスキップした部分を、文庫版は「それで、ぐんたいのめいれいで」と記述し、英訳版は「Therefore, by command of the Army」とする。しかし、軍隊の命令というのは史実に反する。

『上野百年史』は「この命令が都長官自身の発意によってなされたことは確実で、戦後巷間伝えられたような「軍の命令」によるものでないことだけは、明瞭である」と、軍命説をきっぱりと否定している。

『上野百年史』が殺害の首謀者と名指しする「都長官」は、現在の東京都知事に当たる。当時の東京は、東京府と東京市の二重行政が問題になっていて、これを一本化する形で一九四三年七月一日に東京都が発足する。そのトップが都長官だった。

都が編纂した『東京百年史』は、東京都が「戦争目的完遂の使命をおびた内容をもって登場した」と記述し、今に続く都の行政システムが戦時体制として出発したことが分かる。日本社会における戦中から戦後への継続と断絶という問題を考えるうえで興味深く、わたしの属するメディア組織とも無関係ではないが、ここでは都長官が問題である。

初代の都長官は内務官僚の大達茂雄《おおだちしげお》であり、大達は就任からわずか一カ月半後の四三年八月一六日、動物殺害を命じた。動物を疎開させようという動物園側の努力を退け、強固な意志をもって殺害を実行させた。

長谷川さんの追及は大達個人には及んでいないが、上野動物園の動物殺害において「戦争という大状況」だけに帰責しないとすれば、次に問われるのは中心人物である大達である。大達の没後一年、一九五六年に刊行された伝記『大達茂雄』と、関係者による追悼文集『追想の大達茂雄』によって、人物像を粗描しておく。

大達は島根県で生まれ、一高・東京帝大を経て一六年、内務省入省。戦前の内務省は国内行政権の大半を掌握し「官庁の中の官庁」と呼ばれた。四〇歳で福井県知事、さらに満州国法制局長、中華民国臨時政府の法制顧問を歴任、内務次官となる。

四二年三月、初代の昭南特別市長に。昭南はシンガポールのこと。前月、日本軍が陥落させ、呼称変更した。大達は軍部の専横を抑制し、民心によく配慮して「名市長」と評されたという。四三年七月に都長官。四四年七月から四五年四月までは内務大臣を務めた。

終戦後、A級戦犯容疑で巣鴨拘置所に拘置され、不起訴となったが公職追放。追放解除後の五三年に参院選（島根県地方区）に立候補し当選、文部大臣に任命されて、日教組との対決姿勢を貫き、いわゆる教育二法を成立させた。五五年、六三歳で没した。

経歴からは冷酷な内務官僚の顔が思い浮かぶが、伝記と追悼文集を読むと、知的に思考し、囲碁を楽しみ、人情味にもあふれた人だったようだ。戦時下の情報統制についての見方も真っ当だ。伝記から都長官時代の記述を引用する。

その頃地方行政協議会というものが作られていた。関東地方行政協議会長は東京都長官である。第一回の全国地方協議会の会長会議が首相官邸に開かれたとき、大達が政府への要望事項として述べたのは、戦局の実相をもっと国民に知らすべきだ。負けているのを勝った勝ったと放送していても、何時かは暴露する。現に国民の間には「ほんとはこうなんだ」というようなことが小さな声でささやかれている。それが電波のように伝わるので、政府や軍部の公表を信用しない傾向がある。こんなことでは戦意は高揚されないばかりか、却って沮喪する、政府の善処を望みたいと言った。

大達は虚偽情報を流す政府や軍部を批判していた。国民に正しい情報を伝える必要性を自覚していたからだ。それが上野の動物殺害につながっていく。

福井県知事時代の大達茂雄

なお戦時下、上野を皮切りに、時期はばらばらだが各地の動物園で動物殺害が実行されている。軍命によると伝えられる動物園もあるが、文筆家の秋山正美さんは著書『動物園の昭和史』で「戦時下の悪いことはみな軍部のしわざだ、と決めつけられる傾向がいまもある。だが、少なくとも動物の殺害についての責任は、内務省に負わせなくてはならない」と指摘している。

秋山さんは理由として、当時の国家体制を示す。要約すれば、軍は戦争の攻撃・防御を遂行するが、国内の治安には直接関わらなかった。これに対し、内務省は国内の行政権のほとんどを握り、治安維持でも主役だった。治安維持のうちには空襲への民生的対応も含まれ、防空局（のちの防空総本部）は内務省に置かれた。空襲に備え動物たちをどうするかも、当然その一部となる。

秋山さんの見方からすれば、一部の動物園で「軍命」によると伝えられているのは、責任回避の口実に軍が使われた可能性さえある。なお『動物園の昭和史』については、木下直之さんが『動物園巡礼』で「関係者への徹底した取材により、猛獣処分を巡るいくつもの問題点や矛盾点を明らかにした」と高く評価している。

†最大の動機は市民への警告

長谷川さんが『かわいそうなぞう』における第三の問題として指摘するのは、殺害目的である。

絵本は「おりが、こわされて、おそろしい　どうぶつたちが、まちへ　あばれだしたら

たいへんなことに　なります」とする。長谷川さんは動物脱出の予防という目的を全否定はしないが、これに加えて、戦意を引き締め、高揚させることを狙ったと指摘する。

その根拠として①都の正史ともいうべき『都政十年史』に「猛獣を殺してしまえという結論に至るには、空襲の際の危険ということのほかに、都民に一種のショックを与えて防空態勢に本腰を入れさせようという意図も相当大きく動いていたことを見過ごすことができない」という記述がある、②四三年九月四日に動物園内で虐殺動物の慰霊法要が行われ、新聞各紙に大きく報道されたこと――の二点を挙げている。

②の新聞報道には「都民に親しまれていたこれらの猛獣まで処分しなければならなくなった決戦の波が今都民の胸に強き決意をわきたたせる」（毎日新聞、原文は旧仮名遣い）といった表現もあり、戦意引き締めの意図が濃くにじんでいる。

大達の伝記は「動物園の猛獣を処分」という項を設けている。その中の動機にかかわる部分を引く。伝記は一九五六年の刊行であるから、多少の脚色はあるかもしれない。

政府や軍部は戦況の実相を、ひた隠しに隠しているので、国民はまだ敗戦必至、帝都が爆撃の為に灰燼になろうなどとは夢想もしていない。軍部自体が帝都には一機の敵機の侵入も許さないと威勢のよいことを言っているときだから、それほどの緊迫感は誰も持っていない。然し、大達はそうでなかった。彼の脳裡にはB29の大編隊が、東京の上空を乱舞する姿がありありと映っていたのだ。

命令を受けた側はどうだったのか。古賀忠道《ただみち》園長は一九四一年に臨時召集を受け陸軍に入隊していた。古賀さんは戦後長く、上野のれん会が発行するタウン誌『うえの』に「動物と私」と題して回想をつづり、一九六五年二月号で動物殺害に触れている。四二年八月一六日、井下清・公園緑地課長に呼び出されたときの記憶が起点である。少し長くなるが、引用する。

> 八月半ばのことでした。私は東京都の公園部長《ママ》に呼ばれましたので、急遽行ってみると、当時園長代理をしていた福田三郎さんも一緒でした。そして今度、都長官の命令で猛獣を処分することに決定したから了承してくれとのことでした。
>
> 私はその時、ああ、いよいよ来るものが来たと感じました。このことに至るまでに、都の主脳《ママ》部としては、相当議論もされたようでした。私たちは、その決定に対して、ただうなだれるよりほかはありませんでした。これは後で聞いたことでしたが、その頃はまだ国民は、みんな戦争には勝っていると思っていたのです。しかし都長官にな

る前に、シンガポール、つまり昭南市長をやっていた大達さんには、もうほんとうの戦況がわかっていたのでしょう。

東京都長官になって内地に帰って国民の様子を見てこれではいかん、戦争はそんななまやさしいものではないのだ、ということを、国民に自覚させなければならないということを痛感したのでしょう。そして大達さんは、それを言葉で言い表わすのではなくて、動物園の猛獣を処分するということにより、国民に警告を発するという方法を取ったのでした。

それだから、草食獣であるゾウなどは、田舎に疎開させたら菜や草で生きられるのだからという意見もあったようですが、動物を処分するのが目的ではなかった大達さんは頑としてそれを許さなかったとのことでした。

私はその時、自分でそのようなことを実行しなくてもよい立場にあったことを、ほんとうに幸運だと思いました。そして、それと同時に、園長代理をしていた福田三郎氏が、ほんとうに気の毒に思いました。

大達の心理について古賀さんは「わかっていたのでしょう」「痛感したのでしょう」と推量形を重ねるが、その前に「これは後に聞いたことでしたが」とも述べている。それがどこまで係っていくのか分かりにくいが、大達から直接聞いた可能性はあると思う。

推量にしては内容が具体的であること、また、連載「動物と私」の六三年一〇月号によれば、古賀さんはシンガポール陥落のほぼ一カ月後、四二年三月一三日に昭南を訪れている。一方、大達は三月七日に先着し、一一日に昭南特別市長に任命されている。ここですでに接点があって旧知の間柄だった可能性がある。

中心的な目的が民意の引き締め、戦意の高揚であるとすれば、緊急避難の成立要件からはさらに遠ざかる。そして動物の命の戦争利用という側面が強調されざるを得ない。

†絵空事のクライマックス

絵本に戻る。殺害時期の偽りは、この絵本のクライマックスともいうべき、ゾウの死の虚構につながっていく。ゾウ係が動物園の事務所にゾウの死を知らせる。それに続く記述。

どうぶつえんの　ひとたちは、ぞうの　おりに　かけあつまって、みんな　どっと
おりのなかへ　ころがりこみました。ぞうの　からだに　とりすがりました。ぞうの
からだを　ゆさぶりました。

ゾウは運動場ではなく、獣舎の檻の中で死んでいる。絵本の絵もそうなっている。ところが次の頁を開くと、露天の開けた場所になり、上空を敵機が飛ぶ。文章はこう続くのだ。

みんな、おいおいと　こえをあげて　なきだしました。その　あたまのうえを、またも　ばくだんを　つんだ　てきの　ひこうきが、ごうごうと　とうきょうのそらにせめよせてきました。

どの　ひとも、ぞうに　だきついたまま、こぶしをふりあげて　さけびました。

「せんそうを　やめろ。」

「せんそうを　やめてくれえ。やめてくれえ。」

感動を盛り上げるための脚色はある程度認めるとしても、動物園の人たちが敵機に向かって「戦争をやめろ」と叫ぶ場面は、文字通りの絵空事というしかない。

停戦を求めるなら、戦争を始めた自国の為政者にこそ言わなければならない。だが、一九四三年夏の日本において、ほとんどの市民は反戦・非戦を唱えることはできなかった。その思いを持っていた人がいても、公然と口にすることはできなかった。天皇の名において行われている戦争に反対するなら、投獄を覚悟しなければならなかった。

そして古賀さんが認める通り、当時、多くの普通の人々は日本の勝利を信じていた。動物園の人たちが例外だったはずもない。園長代理だった福田三郎さんは『実録上野動物園』に次のように書いている。

猛獣を殺しはじめてからは、就職以来、一日もかかさなかった園内の巡回を、あまりしなくなった。一カ月たらずの間に八キロ近く体重が減った。私ばかりでなく、当時動物園にいた者はみなそうだった。自分の係の動物が殺される当日、欠勤してしまう人もいた。眠っていても、動物たちが夢に出てきて熟睡できない日がつづいた。二十五年経った今でも、二十七頭の〝あいつたち〟のことは、決して忘れてはいない。

『かわいそうなぞう』は事実を脚色して、劇的な効果を高めたかもしれない。しかし、動物園の人たちの本当の苦悩に迫ることはできず、深い悲しみからはかえって遠ざかった。

†「時局捨身動物」という擬人化

殺害した動物たちの慰霊法要に目を向けたい。民意の引き締めや戦意の高揚が目的なら、長谷川さんの言う通り、その場面に意図が現れるはずだ。

慰霊法要の案内状は、都長官大達茂雄の名前で出された。参列者は長官本人や都関係者のほか、国民学校や女学校、高等女学校の生徒たちを含め約五〇〇人に及んだ。位牌の戒名は「殉難動物霊位」。斎場正面には「時局捨身動物」と記された卒塔婆が立てられた。

勝手に殺しておいて、「殉難」「捨身」はないと思う。これこそ都合の良い擬人化だと思うが、市民や子どもたちはそんな文句は言わなかった。

動物殺害は命令者の期待通り、人々に大きなショックを与えた。福田さんの『実録上野動物園』は、全国から寄せられた便りを紹介している。それによると「来る世は人に生まれよ秋の風」という俳句をしたためた短冊を送ってきた人がいた。子どもからの手紙には「これらの動物達を殺させた米、英を討たねばなりません。軍人を志望している僕です。戦場でこの殉国動物の仇討《あだうち》をしてやりたいと思います」という文面もあったという。

新聞にも「ぼくが大きくなったらね、アメリカ、イギリスをぶっつぶす、ライオンたちのかたきを、きっととってあげませう」という内容の子どもからの手紙が紹介された。

楽観できない戦況を市民に伝え、やがて来る厳しい事態への覚悟を決めさせる。そして国民の戦う意志を最大化する——。大達の狙いは、よく達成されたというべきか。

三頭いたゾウのうちワンリーとトンキーの二頭はこのとき、まだ生きていた。ワンリーの死はそれから一週間後の九月一一日、トンキーの死はさらに二週間後の九月二三日だった。二頭は生きている間に弔われたのだ。

✝ジョンの殺害着手が早かったのはなぜか

『かわいそうなぞう』の非を鳴らした長谷川さんは触れていないが、絵本にはもうひとつ、重大な問題がある。殺害着手の順番に関わる部分だ。ライオンやクマやトラを毒殺したという記述に続き、次のように書く。

三とうのぞうも、いよいよ　ころされることに　なりました。
まず　だい一に、いつも　あばれんぼうで、いうことを　きかない、ジョンから
はじめることに　なりました。

「ころされることに　なりました」「はじめることに　なりました」と、あくまでも主語を曖昧にする文体が続く。だが、事実経過に注目しなければならない。絵本の叙述の順番通りだとすれば、ライオンやトラの後にアジアゾウの殺害に着手したことになるが、そうではない。『上野百年史』は次のように記す。

オスのインドゾウ「ジョン」は、次第に凶暴となっていて、当時すでに、前肢をベレーと称する短い鎖で、行動の自由を制限されていたぐらいである。（中略）毒殺が計画され、八月一三日から、ゾウのオス、ジョンの絶食がはじめられている。

毒殺すると決めているのに、なぜ絶食させたかといえば、腹ぺこなところに毒入りのえさを与えれば、いかに賢いゾウでも食べるだろうという計算だった。だが、ゾウは毒の入っていない馬鈴薯だけを食べ、毒入りは吐き出した。

この殺害着手日（絶食開始日）は八月一三日。驚くべきことに、八月一六日の殺害命令よりも三日も前だった。では誰がジョンの殺害を決めたのか。絵本はここでも、殺害の決定主体を明確にしないが、福田さんは『実録上野動物園』で「ジョンは性格が粗暴で、万一の場合は危険なので、前もって課長と相談し、絶食をさせていた」と記す。

これと『上野百年史』の先の記述を併せ読めば、ジョンは動物園と都の所管課長が相談し、命令に先んじて、自主的に殺害に着手したことが分かる。『上野百年史』も、ほかの記録も、都長官の命令に基づく動物殺害処分で殺された二七頭に含めるが、ジョンを算入してよいのか、疑問が残る。

もうひとつの問題はもっと本質的なことだ。絵本はジョンを真っ先に殺す理由を「いつ

も　あばれんぼうで、いうことを　きかない」からだという。対比するように、ジョン以外のメスのゾウ二頭について、絵本はこう描写する。

この　二とうのぞうは、いつも、かわいい　めを　じっと　みはった、こころのやさしい　ぞうでした。

作者はこのあとに「ですから」という接続詞を置き、この二頭の延命努力は当然なのだという立場に、読者を導く。

ですから、どうぶつえんの　ひとたちは、この二とうを、なんとかして　たすけたいと　かんがえて、とおい　せんだいの　どうぶつえんへ、おくることに　きめました。

福田さんは『実録上野動物園』で「一番年齢が小さく、利口で芸が上手で、おとなしいトンキーだけは、なんとか殺さずにすまないかと考えていた」と書いている。メスのゾウ二頭の間にも、命の重さに違いがあったのだ。

ゾウの飼育係たちにとっても同じだったらしい。ジョンは八月三〇日に餓死、ワンリーの死は九月一一日、トンキーはそれからさらに二週間後の九月二三日に死んだ。長く生きたのは、飼育係がこっそり餌や水を与えていたからだという。

動物園の人たちは、飼育している動物たちに、自分たちの尺度を当てはめた。暴れん坊で言うことをきかないゾウは、命令前に殺害に着手した。かわいい目で心の優しいゾウは、延命に力を尽くした。都長官によって、この命の選別は退けられ、平等に殺す結果になった。どちらが慈悲深いのか、容易には判別できない。

ジョンのことを思う。言うことをきかないのは、人間におもねることをよしとしない孤高の魂のゆえか。人間への不信感が積み重なったのか。ジョンの反抗と孤独に、野生動物の侵しがたい尊厳を見る。

戦前の日本社会では、ゾウだけでなく人間も同じようにされていた。天皇の名のもとに行われる戦争に反対したり、人を殺したくないと徴兵を拒否したりすれば、その思想や行動を放棄するまで責められた。

『かわいそうなぞう』がそれを意図したとは思えないが、ゾウたちの運命に、当時の人々の姿を重ねることもできるだろう。いや、教育絵本としてみれば「従順でなければ生きられない」という洗脳こそ恐ろしいというべきか。

絵本の底流に、命の選別を肯定する思想がある。絵本が長く、広く支持されてきたとすれば、わたしたちの生き方と思想もまた、問われている。

†再び なぜ「逃がしてはいけない」のか

本書は動物園を「動物を収集・飼育・展示する施設」とシンプルに定義する。この定義に即して考えたとき、動物殺害はどんな意味を持つだろうか。

収集・飼育・展示の各段階で目的語（客体）となるのは動物であり、それは生きていることが前提となる。動物園の定義に、生体であることを盛り込み「生きた動物を収集……」とすることも考えたが、飼育という動詞によって自明と判断し省いた。動物殺害は、客体たる生きた動物を故意に滅却させる行為であり、動物園人による動物園の否定である。

ところが、動物園の人たちは殺害命令に従った。なぜだろうか。

動物園取材を始めてすぐに、動物園には「動物を逃がしてはいけない」という鉄則があることを、当時、上野動物園の教育普及係長だった錦織一臣さんに教わった（第二章3）。その後も何人かの動物園関係者から、同じ意味の言葉を聞いた。

上野動物園には「飼育職員心得一〇カ条」が伝わり、その第四条は脱出防止のための点検や施錠の徹底を求めている。『大人のための動物園ガイド』（成島悦雄編著）は、これを解説して「昔の飼育係は「動物を殺してしまうことがあってもしかたのない場合もあるが、絶対に逃がすようなことがあってはならない」と厳しく言い含められた」と述べる。

また『動物園学入門』(村田浩一ら編)は「10　動物園の経営学」で、動物園独自のリスクとして真っ先に「動物の脱出」を挙げ「あってはならないことだが、動物園動物が動物舎から逃げ出す事故は珍しいことではない」と書き起こす。

戦時下の動物園における動物殺害の伏線となった出来事として語られるのは、一九三六年七月に起きた上野動物園のクロヒョウ脱走事件である。半日後に捕獲され、特段の被害もなかったが、人々に大きな衝撃を与えた。二・二六事件、阿部定事件と並んで三六年の三大事件と称された。

最近でも動物の脱走はニュースになる。動物園はこうした逃走騒ぎの経験を積み重ね、動物園の定義である動物の収集・飼育・展示の各段階で「安全に管理下に置くこと」を最優先にしてきた。それが「逃がしていけない」という鉄則に表現されている。

管理下に置く(逃がさない)という要請は、動物の自由を抑制する方向に働く。感覚的な言い方になるが、「生」よりも「死」との親和性が強いように思う。最強度の管理は、相手を物化することによって実現されるからだ。逃がすぐらいなら、殺してしまえというふうに。それがまさに戦時下の動物園で起きた。

しかし、飼育という行為は、管理下に置くという側面を当然としつつ、より良く生かすことが最も重視されるはずだ。最近の流れとして、アニマルウェルフェア（動物の幸せ）が強く求められていることは、このことを後押しする。

戦時下、殺害命令への抵抗が極めて困難だったことは百も承知で、このシンプルな要請の自覚こそが「飼育する動物を殺したくない」というごく普通の感情を励ましたのではないかと思う。そして、この真情を大達都長官にぶつけてみたかったと思う。記録を見る限り、大達は論理優位だが、決して血も涙もない人間ではなかった。せめて「なぜ疎開ではだめなのか」と食い下がれば、その真情に突き動かされることも、あり得たのではないか。

「逃がしてはいけない」という鉄則を最初に教えてくれた錦織さんの考えも紹介したい。当時のわたしのメモではその理由までは書き残していなかったので、本書をまとめるために錦織さんに問い合わせた。彼の返事だ。

（あのとき、話したことは）飼うということは命を預かることですし、異なる地に連れてきたものは最後まで飼う責任があるというようなことでした。動物園の若齢動物の死は、先天性の異常などを除き、「死んでしまった」ではなく、「死なせた」「殺してしまった」というくらいの気持ちで飼育はしなければなりませんが、いずれ動物は必ず死ぬということは覚悟していないといけないということだったかと思います。

錦織さんとの出会いのところで書いたわたしの理解は、このメールで覆《くつがえ》されている。わたしは絵本の作者と同じように、動物を逃がしてはいけない理由を、人間社会の危険や混乱の防止に求めたが、錦織さんは「飼うということは命を預かること」「最後まで飼う責任がある」と言い、動物の命をまっとうさせる責任を、最大の根拠とする。

依拠する論理がまったく違っていた。そして錦織さんのこの考え方なら、戦時下の動物殺害命令に「ただうなだれるよりほかはありませんでした」（古賀忠道『動物と私』）というのではなく、抵抗できた可能性があったのではないかと思う。

†Zoo is the Peaceと唱えるだけでは……

上述した絵本『かわいそうなぞう』の史実との相違について、当事者たる動物園の人たちが言及した記録は、調べた限りでは見当たらなかった。たとえば、戦前戦後を通じて上野でゾウ係を務めた渋谷信吉さんは著書『象の涙』でこう述懐する。

三月十日の東京大空襲で、いよいよ本土決戦は実感として伝わった。空襲におびえながらも、国民はまだ勝利を信じていた。

東京大空襲のあった四五年春の段階でも戦勝を信じていた人たちが、絵本ではその二年前に「戦争をやめろ」と叫んでいる。絵本の結末があまりにも現実離れしていることは、ここにも明らかだが、渋谷さんはこれに続いて、食糧難、動物の餌不足を記述する。そして段落を変え、動物殺害を記述する。

そんな食糧難の中で、軍から突然悲劇的ともいえる命令がきたのである。

『かわいそうなゾウ』は一九七〇年八月に絵本化され、長谷川潮さんによれば、わずか一〇年間で四一刷を重ねている（「ぞうもかわいそう」）。『象の涙』は絵本から一年一〇カ月後の一九七二年六月の出版なので、渋谷さんが絵本の存在を知らなかった可能性は留保しなければならないが、『象の涙』は絵本のミスリードをなぞるかのように、動物殺害の時期を誤解させている。

この点、第三章1で紹介した秋山正美さんの『動物園の昭和史』はどこまでも殺害された動物の側に立ち、安易に殺害者を免罪しない。

なぜ一頭でも、動物をそっと逃がしてやろうとしなかったのか。逃がすといっても、おりから出してやることではない。民間に払い下げてもよし、へき地へ移すのも結構。

（中略）

動物たちを殺した職員たちが「血も涙もない」役人だった、とまでいうつもりはない。さぞかし苦しんだことだろう、と心からお察しする。ただ、あなたがたには、ほんの少しの勇気と誇りとずるさが足りなかったのだ。

そして秋山さんは、主要な動物園が公営で、役人の体質が「上意下達」であるために命令通りに行動したのだとして、動物園民営化論を展開する。いま、動物園の関係者によって国立動物園をつくる運動も展開されているが、官を利用しようとするとき、利用される危険性もまた大きいことには、留意しなければならない。

なお、日本の動物園界を牽引・指導した古賀忠道さんは敗戦から六年を経た一九五一年、オランダ・アムステルダムで開かれた国際動物園長連盟の年次総会に出席、その帰途、欧米の多くの動物園を視察し、『欧米動物園視察記』（財団法人東京動物園協会）としてまとめている。その「序」に次のように書いている。

……私は帰国後礼状の中に次の文章を入れたのですが、之に対し、特に同感の意味の返信をくれた園長もありました。そして、それは今でも勿論私の感じている事です。その文章は次の通りです。

“Zoo is the Peace.”即ち「動物園は平和その物である」と言うことです。

世界のどこでも、戦火の余燼がまだくすぶっているような時代、この言葉は説明抜きで世界の動物園長たちの共感を得ただろう。お互いの深い反省も込められていたかもしれない。しかし、時代がくだったいま、Zoo is the Peace と唱えているだけでは、動物園が再び戦火に巻き込まれ、利用されないとは限らない。

†わたしは石をなげうてるか

動物園の人たちに対して、きつい物言いになった。わたしにそのようなことをいう資格があるかということは問われなければならないだろう。「汝らの中、罪なき者、まず石をなげうて」（ヨハネによる福音書）であるから。

同様のことをわたし自身に問うとすれば、戦時下におけるメディア企業や記者たちの振る舞いと、それに対するわたしの考えを明らかにする必要がある。

わたしが記者として所属する組織、共同通信社の前身は戦前戦中、国の戦争遂行に全面的に協力・加担した国策会社、同盟通信である。同盟は敗戦後、三カ月足らずで解体し、その組織の主要な部分と人員を共同通信が引き継いだ。

同盟が「戦争に全面的に協力・加担した」と書いたが、残念ながらその全容は詳らかにされていない。その一事をもってしても明らかなように、同盟の正統な継承者たる共同通信は、同盟の戦争責任の検証・追及・反省をほとんどしていない。

一九八二年に入社したわたしは、そのことを意識せずに仕事をしてきたが、二〇二一年夏、第二次世界大戦のトラウマを研究する国際会議で「戦時下のメディア」をテーマとして報告するよう求められた。つまり、はなはだ自発性に欠けるきっかけで初めて本格的に調べたが、公刊資料を含めた社会発信があまりにも少ないことに驚いた。「メディア史の空白」とさえいわれている。

このことは上野動物園が『上野百年史』で動物殺害の事実経過を詳細に記述し、別冊の資料編にも大量の記録を残したことと対照的である。

本書は、メディアの戦争責任を検証して縷々《るる》論じたり、わたしの反省悔悟をつづったりすることが目標ではない。ここでは、共同通信が自らの戦争責任の自覚に乏しく、その一員としてのわたし個人も、それに真率《しんそつ》に目を向けてこなかったということを、反省とともに書き記しておく。わたしには本来、動物園の人たちに石をなげうつ資格などない。

2　カリスマとノンカリスマ

†目玉がないところが目玉

現代日本の動物園巡りに戻りたい。

東動協の理事長、浅倉義信さんに「ぜひ会ったほうがよい」とアドバイスを受けた二人のうちの一人、安部義孝《よしたか》さんに会いに出かけたのは、二〇〇八年の六月だった。安部さんは東京の葛西臨海水族園や上野動物園の園長を経て、当時、福島県いわき市にある水族館「アクアマリンふくしま」の館長を務めていた。「アクアマリンふくしま」は愛称で、正式名称は「ふくしま海洋科学館」という県の施設である。

園長室で向き合う。大柄で挙措も余裕を感じさせ、「大人《たいじん》の風格」という言葉が頭に浮かんだ。「生きもの大好き」について説明すると「で、ずうっと書いていらっしゃる」と問われ「いいえ、まだ一三回目です」と答えた。

「要するに対象は動物で、その時期の話題性のあるものということですね」と安部さん。

「はい、話題性があるというか、社会性があるものです」

このときはまだ、ベトナム戦争における枯れ葉剤まで言及できた「ドゥクラングール」が理想型だと思っているから、こんな返事になった。

そこから話題は「カリスマ種とノンカリスマ種」の問題に移った。安部さんは「アクアマリンふくしま」の計画段階から関わり、二〇〇一年の開館から館のホームページで「館長メッセージ」を連載していた。その中で「カリスマ種」という言葉を使っていたのだ。ちなみにその連載は、安部さんの視野の広さをよく示し、海外の動向からアートの世界にまで筆が及んでいて、時代を先取りする問題意識も鮮明だった。

たとえば、〇一年一〇月(第三号)のテーマは「サステイ《ママ》ナビリテイ《ママ》」だった。当時はＳＤＧｓなどという言葉は人口に膾炙《かいしゃ》していない。わたしにとっては受験勉強で覚えた英単語のひとつだったが、安部さんはそれをキーワードとし、さらに「持続可能」と訳すことに疑義さえ唱えていた。

館長メッセージの四回目が「ノンカリスマ」だった。安部さんはカリスマ種として、ジャイアントパンダやトキ、ニホンコウノトリ、ジュゴンなどを上げてこう述べる。

動物園はメナジェリー（見世物小屋）から「生きた博物館」の時代を通じてカリスマ種の蒐集に執着してきた。動物園から水族館が独立するようになって、水辺の生態的展示と、商業的なパフォーマンスを重視する水族館の二つの流れができてきた。我国では（中略）イルカやアシカのショー、ラッコ、アマゾンの怪魚など、ショーとメナジェリーの奇妙な同居展示が定着してきた。それは観覧者の願望でもあった。

しかし「アクアマリンふくしま」はそこにとどまらない。「海を通して人と地球の未来を考える」理念を実践すると宣言したあと、カリスマ種とノンカリスマ種についての認識と実践を次のように表現する。

目玉展示は何ですかとよく質問される。これには、目玉（カリスマ種）が無いところが特色ですと応えることにしている。絶滅が危惧されるカリスマ種（動物園動物のほとんどがそれだ）の保全活動の傘によって、非カリスマ種の保全がなされる。これが動物園や水族館の一般的な保全思想である。

しかし、超カリスマ種の保全の傘だけで、非カリスマ種の生息地の環境がよくなるであろうか。私は決してカリスマを否定しているわけではないが、理論的には逆である。非カリスマ種の保全があってはじめてカリスマ種の生存が可能なのである。

アクアマリンふくしまでは従来飼育が困難とされてきた非カリスマ種に取り組んでいる。サンマのような普通種をとりあげ研究し、展示に結びつけ人々の注目を集めた。普通種で人々を惹きつけ環境問題を考える契機とする。非カリスマ種、Non-Charismatic Species に注目すべきだ。

†ノンカリスマ種にこそ注目せよ

ノンカリスマ種にこそ注目せよ。安部さんはこの考え方を二〇〇〇年にモナコ海洋博物館で開催された第五回世界水族館会議で提案したという。そして、館長メッセージをこう結んでいる。

いずれ世界に普及する考え方であると信ずる。二〇〇一年の六月、水族館に隣接して水生生物保全センター（Conservation of Aqua Life, CAL）が竣工した。ここは、非カリスマ種の展示開発の場である。アクアマリンふくしまはCALの完成ではじめて、羽が生えそろって巣立ちできる水族館になったと考えている。

日本の動物園界は欧米から「遅れている」と見なされ、一九九〇年代には痛烈な批判を浴びた。しかし、安部さんはその欧米の動物園をしのぐかもしれないことを敢然と主張し、実践しようとしていた。わたしが最も驚いたのは、そのことだった。

ただ「欧米からの批判」という言葉には注意が必要だということを、東動協の浅倉理事長からすでに聞いていたので、付記しておく。

二〇〇七年一月、東京の多摩動物公園でアジアの動物園における野生生物保全の取り組みをテーマとするシンポジウムが開かれ、保全生物学や動物園学が専門のゴビンダサミー・アゴラムーティー台湾大仁科技大教授が講演。欧米の動物園界のダブルスタンダードを厳しく批判した。野生生物をさんざん捕っておきながら、その後、自分たちに都合の良い保護基準を設け、アジア人が野生生物に対処しようとすると批判の対象にして許さない。そういう趣旨だったという。

日本の捕鯨や水族館のイルカの収集に関する国際的非難と、それに対する日本の反発はこうしたところに淵源があるのかもしれないと思う。

館長メッセージで安部さんは、主として絶滅危惧種を「カリスマ種」と呼んでいた。だが、園長室での説明は少し違った。

「よく動物園に来て「かわいい」というでしょ、あの対象がカリスマ種なんです。かわいくないというのがノンカリスマかな」

外見や行動がかわいいいとか珍奇であるといった基準で動物を集めたり、人気を意図的につくり出したりすれば、メナジェリー（見世物小屋）に堕す。多くの場合、それはメディアを使って行われる。いま思えば安部さんは、わたしが記者であり、この分野の初心者であることも意識して、議論をメディア問題に重ねたのだろう。

絶滅危惧種だけでなく、人気を集めるかわいい動物も「カリスマ種」に含めることは、すんなり胸に落ちた。

安部さんに会うまでの一三回の連載を振り返れば「日本ではここにしかいない」ドゥクラングールやダスキールトン、世界的な珍獣のオカピ、いったんは野生絶滅したコウノトリ、絶滅危惧種のカエル、動物園の定番ともいえる人気動物のゾウやオランウータンだった。みな、安部さんのいうカリスマ種だった。

先に述べた公共的な役割と商業性の要請の衝突が、安部さんの言葉で表現されていた。それは動物園水族館とマスメディアに共通する困難でもある。

安部さんはカリスマ種ではなくノンカリスマ種にこそ注目せよという。それはどのようにして可能なのか。それを知ることは、もしかしたら、メディアにおける困難を考えるときにも役立つかもしれない。

†イカに人生をささげる

安部さんから個別の生きものの解説を聞き、いよいよ実際に館内を巡り歩く。わくわくしながら飼育の担当者に話を聞いた。連載で取り上げた生きものは、イワシ、サンマ、イカ、シーラカンスと金魚である。

イワシやサンマやイカは、スーパーや魚屋に並んでいる。金魚はだれもが縁日ですくって飼ったことがあるはずだ。生きた化石、シーラカンスを除けば、どれもカリスマ種ではない。それでどうやって関心を引くのか。

配信した「イワシ」の記事を引用する。「銀色の群れ、きらきら泳ぐ／潮目の海を再現」という見出しである。

いきなり銀色の群れが目に飛びこんできた。後から来た人が「わあ、なんだこりゃあ」と声を上げる。いったい何匹いるんだろう。水面近く、きらきら光る。追い立てるようにウミガメが来た。両前足を広げ、ゆったり泳いでいく。

福島県いわき市の「アクアマリンふくしま」の黒潮水槽。ウミガメがここの王さまかと思ったら大きなマグロやエイもいる。目の前でイワシがカツオやマグロに食べられることもあるんだ。

となりには親潮水槽もあって、容量は合わせて二〇五〇トンもある。黒潮は南からの温かい海水の流れ、親潮は北からの冷たい海流。いわき沖は両方がぶつかる「潮《しお》目《め》」の海で昔から魚がたくさんとれた。二つの水槽はその潮目を再現した。

「マグロがイワシを食べちゃったら、イワシがいなくなっちゃうんじゃないですか」

と飼育員の藤井健一さんに聞いた。

「イワシも必死ですから。食べられそうになるとにげるんで、何匹も何十匹もいっぺんに食べられてしまうことはないです」。それに、おなかがすきすぎないようにえさをやっている。水槽の真ん中のえさ台から、どの魚が食べているか観察しながらやる。あまり食べてないやつには、もぐって長い棒で口にえさを近づけて食べさせる。

大変なのは掃除だ。外の光がそのまま入るようになっていて明るいから、たとえばカツオの背中の青い模様まで見える。でも水がにごったり、ガラスがくもっていたりしたらだめだ。「内側はもぐってみがくんです」

ああ、それでイワシがあんなにきらきら光ってたんだ。

見た瞬間、すごいと思い、美しいと感じた。カリスマ種とかノンカリスマ種などという分類を超えていた。イワシを単体で展示して「イワシとはこのような生きものです」と詳しく解説しても、この魅力は一ミリも伝わらない。

そのイワシの群れと一緒に、ウミガメもエイも、イワシを食べるカツオやマグロまでいる。だからこそイワシの群れは、急旋回したり、集団が割れたり、また大きな群れになったりするのだろう。

それに続いて取り上げたのは、ケンサキイカだったが、これもまた美しかった。大きな水槽を半透明な体がゆらゆら泳いでいる姿だけでも引きつけられる。記事の冒頭ではその光景を描写したが、それだけでは終わらない。

担当の山内信弥《やまうちしんや》さんが水槽の上からイワシを入れた。イワシが泳ぎ始める。イカはまだゆらゆら。あれ？　いつの間にかイワシがイカの足にからまって動けなくなっている。

「足でつかまえるんですね」と山内さんに聞くと「われわれは腕と呼んでます」。イワシはだんだんとイカに飲みこまれ、最後に頭だけが水槽の底にしずんでいった。

水族館や動物園はめずらしい生きものを見せるところだと思っていた。でも福島県いわき市の「アクアマリンふくしま」には、イカやイワシにサンマまでいる。焼き魚

ケンサキイカ（筆者撮影、写真提供・共同通信社）

やすしで食べるふつうの魚が海の中でどうしているのか、たしかに知らなかった。たとえばイカは前にも後ろにも泳ぐ。どちらを前というかわからないけど。

「イカの泳ぐ姿を見せたい」と東京から孫を連れて来たおじいちゃんもいた。ところが自分が面白くなっちゃってずっと水槽の前をはなれなかった。これはタクシーの運転手さんに聞いた話だ。

飼育はむずかしい。さわると皮がはげる。びっくりさせると水槽にぶつかって死んでしまう。

「水質にも敏感なので、水もいつもきれいにしておかないと。あと、えさですね。動いているえさが好きなので、生きているイワシならいいけど、そうでないえさは水槽の底に落ちてしまうともう食べません」

えさが終わったら掃除だ。ホースで水を吸って、あみでろ過する。えさと掃除が毎日二回、計約四時間もかかる。「イカに人生ささげているみたいなもんです」。山内さんが楽しそうに笑った。

動物園や水族館で生き餌を食べる様子を見せることには抵抗感もあるが、躊躇していない。それが目玉になっていると思った。

記事を書く側の工夫でいえば、人との関わりを描いた。水槽の前を離れなかったおじいちゃん、イカに人生をささげているみたいだという飼育係。そこに特別さ、カリスマ性を見いだした。配信時の主見出しは「腕でえさをつかまえる」だったが、いまなら「イカに人生をささげる」とか「見始めたら離れられない」にするかもしれない。

このころから少しずつ、記事における珍獣主義は、乗り越えることができると思うようになった。「日本で初めて」「日本でここだけ」でなくても、取材によって興味深い情報を引き出し、それを書き込めばいいのだ。あるいは観察を徹底して、面白い場面や行動を見つければ良いのだ。もちろん、それがうまくいくとは限らないが。

それでも「日本初」や「とても珍しい」といった珍奇性に依拠する記事がなくなったわけではない。急いで自白しておきます。

サンマがカリスマ種に転化する

館長メッセージで安部さんは「従来飼育が困難とされてきた非カリスマ種に取り組んでいる。サンマのような普通種をとりあげ研究し、展示に結びつけ人々の注目を集めた」と胸を張っていた。連載でイワシ、イカに続いて取り上げたのが、そのサンマである。説明してくれたのは、イカと同じ山内さん。一部を引用する。

水槽は暗くしている。光に敏感だからだ。「音にも敏感で、おどろくと水面からジャンプして飛び出したり、壁にぶつかってしまいます」。サンマから人間の姿が見えないように、通路側も暗い。

サンマがいつも見られるのは、世界中でここ福島県いわき市の「アクアマリンふくしま」だけ。あんなにたくさんとれるのにどうして?

「あみですくったり、手でふれたりしただけでウロコが取れて死んでしまうんです」。そう言えばお店のサンマにはウロコがない。

運ぶのも飼うのもとても難しいサンマ。それでも生きて泳ぐ姿を見てほしいと、水族館で卵を産ませて育てる計画を立てた。海面を流れる藻や海草から卵を集めたり、卵を産ませる塩化ビニールのリングを作ったり。苦心の連続で、世界で初めて成功させた。

定義に戻ると、動物園水族館は「動物を収集・飼育・展示する施設」だった。安部さんのいうカリスマ種、絶滅危惧種や超人気動物のジャイアントパンダやゾウなどは、もともと収集自体が困難であることが多い。たとえ入手できても、維持するためには繁殖させなくてはならない。技術や飼育環境が不十分なら、すぐに途絶えてしまう。

ここで取り上げたイワシやイカ、サンマは魚屋やスーパーで、誰でも買うことができる。収集という過程だけを見れば、安部さんのいう通り、普通種である。しかし、詳しい説明を聞くと、三種の中でもサンマは特に、飼育・展示というステージに到達することが困難だと分かった。飼育・展示までを視野に入れると、サンマはもはやカリスマ種と評価するべきではないか。

イカやイワシも、わたしたち一般人は、自然界で生きて泳いでいる姿を見ることはほとんどない。イワシの群れがきらきらと輝き、半透明なイカがたゆたうように泳ぐのを見たとき、不思議な感覚におそわれた。水族館で展示するなら、それは十分魅力的なカリスマ種に転化する。

動物園の定義のうち、展示という行為は人間の側や工夫や操作の余地が最も大きいと考えられる。その動物をどのような空間でどう見せるか、どんな行動を引き出すか、どんな説明を付けるのか。それによって、見る人の受ける印象や感動の大きさ、学びの内容は大きく違ってくるだろう。ノンカリスマをカリスマに昇華させることも可能だ。

しかし、人為的な介入の程度が大きくなると、介入の根拠や限界が問われることになる。そうした人為的介入の歴史や現在地をみたい。

3 「擬人化」の二つの方向性

†天皇と握手したチンパンジー

アクアマリンを訪ねたとき、安部さんはパソコンでごく短い動画を見せてくれた。アクアマリンのテレビCMだった。大水槽を泳ぐ魚をバックに、字幕で「今、自然は／不自然なことが多すぎて／本当に大事なことが見えない」。字幕が切り替わり「自然を／できるだけ自然に」。そして「ショーがない水族館」で終わる。

「ショーがない」は「しょうがない」の洒落だと明かして安部さんは笑ったけれど、CMの「自然を／できるだけ自然に」という言葉からは、それが自虐などではなく、誇り高い宣言であることが伝わる。

前述したように、動物園水族館の基本的な営為のなかで、展示は工夫の余地が大きく集客にも大きな影響を与えるが、手を加えた場合、自然の姿から離れてしまう恐れもある。また動物に余計な負荷をかける危険性も高い。アクアマリンのCMは、ショーという展示形式そのものを否定していた。

アシカやイルカのショーを目玉にしている水族館は少なくないが、動物園のほうはショーや芸に類するイベントはほとんどなくなった。せいぜい、鳥を飛ばせて見せるぐらいか。それは鳥本来の能力を発揮させているとみることができる。

過去には動物芸やショーが人気を博し、登場する動物がスター扱いされた時代もあった。その歴史は戦前まで遡る。大阪・天王寺動物園の園内には、チンパンジーのリタとロイドのセメント像がある。立っているロイドは法被《はっぴ》姿、座っているリタは胸にリボンのようなものを結んでいる。

一九三二年に天王寺に来たリタは、芸達者で大変な人気だったという。リタが芸を公開するようになって、天王寺の来園者はうなぎ上りに増えた。洋装でナイフとフォークを操り、食べ終わると煙草を吸った（石田戢『日本の動物観』）。ロイドとともに茶室でお茶を楽しむ姿や、戦意高揚のために軍服を着せられた姿も、写真として残っている。

戦後、人気者だったチンパンジーとして、上野動物園のスージーがいる。ネット上の百科事典、ウィキペディアは「スージー（チンパンジー）」の項を設けている。

リタとロイドの像（天王寺動物園、筆者撮影）

スージー（一九四八年頃―六九年三月二〇日）は、恩賜上野動物園で飼育されていたメスのチンパンジーである。自転車乗りや竹馬、ローラースケートなどをこなす芸達者として知られ、上野動物園を代表する人気者としてしばしばマスコミに取り上げられた。一九五六年には、上野動物園を訪問した昭和天皇と握手を交わしている。

『上野百年史』によると、スージーは人間たちの

昭和天皇に近寄るスージー

中で「偉そうな人」のところに行って一〇円硬貨をもらい、売店で菓子を買うことを覚えていた。そこで昭和天皇に手を差し出し、そうとは知らず、天皇が握手で応じたのだという。『上野百年史』の写真を見ると、確かにスージーの差し出した左手は、手のひらが上を向き「なにかくれ」と要求しているようにしか見えない。

　動物園にとってはかっこうの宣伝になっただろう。ほほえましいひとコマは、メディアにとってもおいしいハプニングだったに違いない。そして、日本の戦後処理の過程で存続が危ぶまれた天皇制を支える側にとっても、天皇が神ならぬ人間であり、チンパンジーとさえ握手する存在であることを印象づける幸便なニュースだったかもしれない。

『上野動物園百年史資料編』には「動物芸」という項目があり、スージーの「芸歴」をたどることができる。スージーは五二年に「ピアノ弾き、三輪車乗り、食事」を披露したのを手始めに、年々芸域を広げて「自転車乗り、縄跳び、まり投げ、綱渡り、たる乗り、竹馬、ローラースケート、逆立ち歩き」までこなしている。

飼育係の山崎太三さんがいかにしてスージーの信頼を得て、どれほど深い〝人間的絆〟で結ばれていたかは、中川志郎さんの『動物たちの昭和史Ⅰ』に詳しい。

同じ頃、他に芸を披露していたのは、ゾウとアシカだった。六一年にはタヌキやヤギ、オオバタン、キバタンが加わる。タヌキにどんな芸ができるのかと疑うが、記録によれば、台乗り、棒渡し、車回し、滑り台、チンチンとある。なかなかな芸の使い手である。

†おサル電車はなぜ消えたのか

『資料編』の動物芸の記録は七二年までで終わっている。上野ではサルが電車を運転する「おサル電車」も四八年から運行され、大変な人気だったが、七四年に廃止された。七〇年代に動物園における「やらせ」は姿を消していった。何があったのか。

『上野百年史』はおサル電車廃止のいきさつに触れ、二つのきっかけを記す。

……東京オリンピックが終って昭和四〇年代にはいると、経済的にもゆとりができて、ペット動物の輸入がさかんになってきた。これにともなって、わが国に動物の虐待を防止する、いわゆる動物愛護法のないことが、国際的にもわが国の評価を低めているとの世論がおこり、昭和四八年（一九七三年）には、国会において、議員立法による

「動物の保護ならびに管理に関する法律」が全党一致で成立し（中略）また昭和四八年一〇月に、東京で国際動物園長連盟の第二八回総会が開かれた折、上野動物園を訪れた諸外国の動物園長の中には、このおサル電車に対して批判を出すものもいた。このようなことから、動物園内に、おサル電車は、動物保護管理法の基本理念に反するのではないかという疑問がおこり、法第二条にいう「その習性を考慮して適正に取り扱うようにしなければならない」という原則をめぐって、活発な議論がかわされた。

その結果、サルの集中力は五、六分間程度なのに、寒いときも暑いときも、一時間ないし一時間半も電車の上に鎖でつないでおくことは、やはり苦痛を与えることになるという考え方が大勢を占め、動物愛護の精神を昂揚すべき動物園としては廃止すべきであろうという結論に達したと説明する。

このおサル電車について、井の頭自然文化園の園長やJAZAの常務理事を務めた成島悦雄さんは、次のように擁護する。

サルに充実した時間を提供する環境エンリッチメントの先駆的なものであったと考えることもできる。運転を任されたサルは、自分の意思で電車を止めてお客さんが投げた餌を拾い、食べてから運転することを楽しんでいたと思う。おサル電車を、動物を使った単なるエンターテインメントとしてのみ動物園の歴史に残すのはためらわれる。先人の発想を積極的に評価したい。(『動物のいのちを考える』第三章「人に見られる動物たち」)

おサル電車

環境エンリッチメントについては後述するが、ここで最低限の説明を加えておけば「飼育下に置かれている動物の環境に対し、追加あるいは変更を加えて野生での自然な行動を引き起こし、それが動物福祉につながるという考え」(『動物園学入門』)であって、これに基づく取り組みがいま、日本の動物園の主流になっている。

もうひとつの見方として『動物園巡礼』における木下直之さんの指摘を紹介しておきたい。ことの本質を端的に穿っているように思われるから。

上野動物園にやってきたチンパンジーのスージー

は、自転車に乗り、竹馬に乗り、ローラースケートで走り回り、ピアノを弾き、行儀よく食事をした。すべては人間の真似であり（すなわち猿真似）、スージーが人間の服を着せられたことはいうまでもない。おサル電車の運転士たちは拘束されたことばかりが問題視されたようだが、服を着せられたことの方がより問題だったのではないか。

ここでようやく多摩の昆虫生態園で直面したテーマに戻ることができる。服を着せて人間に見立てるのは動物の擬人化であろう。擬人化はなぜ否定されるのか、常に排されるべきなのか。

†事実婚でさえない雌雄のカバ

「擬人化の禁止」は不文律（アンリトゥンルール）だと思っていたが、調べると、JAZAの「倫理福祉規程」に明文があった。

倫理福祉規程を定めた目的は「加盟する会員が行う全ての活動に際して必要な事項を定め、倫理および動物福祉を適正な水準で推進すること」（第一条）である。すべての活動をカバーすべく、第三条「収集および輸送」、第四条「飼育および研究」、第五条「獣医学的措置」、第六条「展示」と続く。

擬人化の禁止は、第六条の展示にあるのが自然だと思われるが、実際には第七条「教育活動」の規範として示されている。

第七条（1）演示展示は、動物の自然な行動に焦点を当て、動物の健康を害する危険性がある行動、過度な擬人化は行ってはならない。

なぜ教育活動のほうに規定があるのだろう。動物芸やおサル電車は到底、教育活動とは思えない。条文冒頭の「演示」という聞き慣れない言葉が、カギかもしれない。

たとえば、物理の授業で教師がある現象を実験してみせるといった場合に「演示実験」という言葉が使われる。教育系で、かつ理系の言葉といえる。だから、動物園水族館の人にとってはなじみの深い言葉なのだろう（ただし、主要な国語辞典に「演示」という言葉は収録されていない）。

たとえば、動物の芸はその動物の能力を見せていると考えれば、演示実験としての教育活動と捉えられるのかもしれない。

第七条の擬人化の禁止には「過度な」という限定があり、一切否定されているわけではない。動物に洋服を着せるのは過度な擬人化か？　冬の寒いとき、動物園で毛布を着せられた牛を見たことがあるし、動物園の外に目をやれば、散歩するペットの犬が洋服を着ているのはふつうの光景だ。

ちなみに第六条は展示について「その種の本来もっている習性や形態が正しく表現されるものであり、かつ、生態系の中で果たす役割が理解されるように配慮されていること」を求めていて、動物の着衣を否定するなら、根拠はこちらに見いだせるように思う。

倫理福祉規程第六条は、動物の習性や形態・生態に反する展示を戒め、第七条は教育活動における過度の擬人化を禁じる。動物に人の扮装をさせたり、人の行動をまねさせたりして、動物を無理やりに人間化することは、これに反するばかりか、動物の健康に有害でさえあるだろう。

しかし、これではわたしが多摩の生態園で抱えた疑問の答えにはならない。わたしは別に動物に服を着せたわけではないから。そうすると、擬人化という言葉には、どうやらもうひとつの側面があることに気づく。

動物の行動や生態を解釈するときに、人間の感情や判断、生活様式を当てはめてしまうことがそれだ。後者の例を木下直之さんの『動物園巡礼』から引く。「巡礼前夜」で、昔の動物園の言及しているくだりだ。

つがいの動物はしばしば「夫婦」と見なされ、子どもが生まれると今度は「家族」と呼ばれることが普通だった。人間の関係が動物にも平気で投影された。娯楽施設であると同時に教育施設であることが、こうした擬人化を加速させた。人間にたとえて説明するとわかったような気になるが、かならずしもそれは動物の理解につながらない。

二頭で寄り添うカバはたしかに仲のよい夫婦に見えるが、ただ寄り添っているだけであり、発情すれば交尾するだけであり、私たちのように婚姻届を役所に提出して晴れて夫婦と認知されているわけではない。もちろん、事実婚でさえない。そもそも結婚制度なんてないのだから。

カバは群れで暮らしているということを教えられたのは日本の動物園ではなく、台湾の台北市立動物園だった。

木下さんはこの文章に合わせて、カバたちが水面に密集する台北市立動物園の写真を掲げ「ここでは、誰が誰と「夫婦」なのか、カバ関係がさっぱり分からない」とユーモアたっぷりに書く。

木下さんが指摘するように、この方向における擬人化が教育活動と親和性があるとすれば、翻って倫理福祉規程が第七条に「過度の擬人化の禁止」を置いたことに、別の意味を酌み取るべきかもしれない。すなわち、動物に人間の文化や心理を投影することをタブーにしたのだと。

わたしが連載第一回のドゥクラングールの記事でやったこと、ドゥクラングールの表情に種としての歴史や体験を重ねる表現は、後者の擬人化に属する。動物園動物の境遇に人間の価値観を当てはめ、幸せかどうかを判断することも同断となる。

†ハチ公像が〝誉れの出陣〟

忠犬ハチ公は過去から現在まで、日本で最も有名な動物個体のひとつだろう。動物に人間を投影するという意味での擬人化を考える上で、ハチ公はかっこうの素材となる。動物園からしばし離れて、歴史をひもときたい。

渋谷のハチ公像が二代目であると知ったのは、動物園取材を始めた年、二〇〇八年の夏だった。東京・九段下の昭和館で企画展「戦中・戦後をともにした動物たち」が開かれ、それに合わせて開催されたトークイベント「語り部の会」に、二代目の像の制作者、彫刻家の安藤士《たけし》さんが登場した。

ハチ公について最も詳細で正確な記録とされるのは『ハチ公文献集』（林正春編）であ

る。それによると、ハチ公は一九二三年一一月、秋田県大館市の農家で生まれ、翌年一月、東大教授の上野英三郎《ひでさぶろう》にもらわれた。上野は子犬をハチと名付けてかわいがり、出勤するときは渋谷駅まで連れて行った。

だが、ハチが来てから一年余りのちに上野が急死。ハチは浅草の家に預けられたが、しばしば渋谷に逃げ帰った。結局、渋谷の植木職人が世話をすることになり、毎日、渋谷駅に現れるようになる。

ハチ公一周忌（1936年３月８日）

三二年一〇月、朝日新聞が「いとしや老犬物語／今は世になき主人の帰りを待ち兼ねる七年間」という見出しで報じて評判になり、映画やレコードに。存命中の三四年四月に銅像が建てられ、除幕式にはハチ公自身が出席している。

時代が放っておかなかったのだと思う。三一年の満州事変でいわゆる「一五年戦争」に突入。三二年に満州国建国、五・一五事件。朝日新聞の記事はこの年である。三三年に国際連盟を脱退し、三六年に二・二六事件が起きる。三七年の盧溝橋事件で戦火は中国全土に拡大する。

戦争は人間の命を動員する。そのためにはイデオロギー装置が必要だった。教育勅語、御真影、靖国神社、軍神……。ハチ公も「忠義」「忠誠」の象徴となり、小学校二年の修身の教科書に「オンヲ忘レルナ」の題で登場した。

しかし、それだけでは終わらない。戦争が長期化し物資が欠乏すると〝二度目の死〟を迎える。政府が金属類の回収を始め、銅像は四四年一〇月、撤去された。新聞は「ハチ公、誉れの出陣」と報じた。軍用犬なら許される擬人化かもしれないが、当然ながら銅像は出陣などしない。撤去されたハチ公像は鋳つぶされ、機関車の部品になった。

初代のハチ公像の制作者は安藤士さんの父、照《てる》である。照は当時、名の知られた彫刻家だった。士さんは毎日、ハチ公を渋谷駅で見かけていた。中学への通学で渋谷駅を使っていたからだ。本物のハチ公の印象を尋ねると、意外な言葉が返ってきた。

「みんなから邪魔にされていました。どうしてこんな所にこんな大きな犬がいるんだという感じでした」

父のアトリエに連れて来られてモデルになっている姿も見ている。「自由なかっこうでしたよ。寝そべっていることもあったし、おいしいものはないかなあと、あたりを見ているることもあったし、眠いときは眠そうにしていました。撫でたこともあった。おとなしい犬でした」

士さんは東京美術学校（現・東京藝術大学）在学中の一九四三年、学徒出陣で満州に出征。終戦時には本土防衛のため宮崎県にいた。終戦から二カ月後に復員して帰京すると、一面、黒い焼け野原で、父は四五年五月に、防空壕で焼け死んでいた。

四七年四月にハチ公像の再建委員会が組織され、士さんに制作依頼が舞い込む。

ここまでが二代目ハチ公像誕生までの経過だ。それだけでも擬人化された忠犬と、本物のハチ公とのギャップが分かる。

†ハチ公の実像をどう見るか

『ハチ公文献集』によれば、ハチ公は一九三五年三月八日、ふだんは行かなかった渋谷・稲荷橋付近の路地で死んでいた。当時の解剖記録によると、心臓が寄生虫フィラリアに侵されていた。胃の中からは焼き鳥に使われていたとみられる串が三、四本見つかっている。解剖した学者は、死因を特定していない。

ハチ公の臓器はホルマリン液に漬けて、東大に保管された。七六年たった二〇一一年、東大の中山裕之《ひろゆき》教授らがＭＲＩや顕微鏡で分析すると、心臓と肺の広範囲に、がんが見つかった。中山教授は「がんとフィラリアのどちらが直接の死因になったかは分からないが、両方とも死因になり得る」と話している。

ここで、動物の遺体研究を専門とする遠藤秀紀さんに三たび登場してもらおう。遠藤さんは死因とは別に、ハチ公の胃に残された串に注目し、ハチ公の実像を次のように描きだす。著書『パンダの死体はよみがえる』から引用する。

ヒトと動物の間柄のとても不幸な一面を背負ったこのイヌの遺体に、私はといえば、胃内から見つかったという鳥串の方に、本当の意味でのロマンを見出している。本当のハチは、イヌを忠誠心のシンボルに仕立て上げる人間ほど、愚か者ではなかっただろう。私には、渋谷駅で逞しく生き、飲食店街で人々に大切にされ、そこに自分の生きる場を見つけた普通の賢い野良犬だったと信じられるのだ。自分のテリトリーに赤提灯があるならば、ときにはそこから焼き鳥をもらい、飢えを満たすのがイヌというものだ。

遠藤さんが「ヒトと動物の間柄のとても不幸な一面」というのは、人間がハチ公を「国家主義を支える忠義のシンボルに祀り上げた」ことだと、この前段で説明されている。

ハチ公を〝発見〟し、二代にわたるハチ公像建立に深く関わった斎藤弘吉さん（一八九九－一九六四）の見方にも触れておきたい。斎藤さんは生涯を通じて、日本犬保存や動物愛護に尽力した人だ。

著書『愛犬ものがたり』によれば、ハチ公が「事情を知らぬ駅員や露天商などに邪魔もの扱いにされているのを見かねた私（斎藤さんのこと・筆者注）が、朝日新聞に通知してあの物語を発表して貰いました」。

「あの物語」とはハチ公を一躍有名にした「いとしや老犬物語／今は世になき主人の帰りを待ち兼ねる七年間」という記事のことである。

同じ「愛犬ものがたり」で、斎藤さんはハチ公の行動を次のように受け止めている。

死ぬまで渋谷駅をなつかしんで、毎日のように通っていたハチ公を、人間的に解釈すると恩を忘れない美談になるかもしれませんが、ハチの心を考えると、恩を忘れない、恩に報いるなどという気持ちは少しもあったとは思えません。あったのは、ただ自分をかわいがってくれた主人への、それこそまじりけのない愛情だけだったと思います。ハチに限らず、犬とはそうしたものだからです。

実像はどのようなものだったか。「普通の賢い野良犬だった」という遠藤さんに対し、

「かわいがってくれた主人へのまじりけのない愛情」を持っていたという斎藤さんの見方は異なっている。だが、ハチ公と忠義・忠誠を結びつけることを否定する点では重なる。

戦時下に殺害した動物園動物を「時局捨身動物」と称すること、ハチ公を忠義の精神の化身とし、その像が鋳つぶされることを「誉れの出陣」という美名で飾ること、それらはみな、やってはならない擬人化である。

まさに国民に対する教育宣伝活動であった。教育活動における擬人化の影響と危険性は大きい。動物と動物園を扱うとき、メディアがこの点に注意を払うべきであること、歴史の教訓からも明らかだと思う。

4　擬人化が開く回路

†『雪の練習生』が表現する動物の人権

これをしも擬人化と呼ぶのかどうか。擬人化を超えて、動物と人間が融合している。作家、多和田葉子さんの小説『雪の練習生』はホッキョクグマ三代を描いた傑作である。冒頭を引く。

耳の裏側や脇の下を彼にくすぐられて、くすぐったくて、たまらなくなって、身体をまるめて床をころがりまわった。きゃっきゃっと笑っていたかもしれない。お尻を天に向けて、お腹を中側に包み込んで、三日月型になった。まだ小さかったので、四つん這いになって肛門を天に突き出していても、襲われる危険なんて感じなかった。それどころか、宇宙が全部、自分の肛門の中に吸いこまれていくような気がした。わたしは腸の内部に宇宙を感じた。

語り手のホッキョクグマ「わたし」が、生まれたての頃を思い出している。この小説の魅力を知ってもらうために、三つめの物語「北極を想う日」からも引用したい。

力強い腕の持ち主は、ミルクをくれる前に必ず熱っぽく「クヌート」と何度も呼ぶので、ミルクを飲みたいという気持ちそのものを「クヌート」と名付けることにした。

クヌートと呼ばれたホッキョクグマは実在した。二〇〇六年にドイツのベルリン動物園で生まれ、ドイツ国内だけなく世界中から人気を集めた。以下の引用に出てくるマティアスは、作中でクヌートを人工哺育する飼育係である。

それにしてもマティアスはいつになったら姿を現すんだろう。そう考え始めると我慢できなくなってきて、これが「時間」というものなのだ、と突然クヌートは悟った。窓がだんだん明るくなっていく、その遅さ、それが時間だ。時間というものは一度現れるといつ終わるか分からない。もうこれ以上耐えられないと感じた頃やっとマティアスの足音が近づいて来る。それからドアを開ける音がして、マティアスが箱の中を覗き込んで、クヌートを抱き上げ、鼻と鼻をくっつけて、「おはよう、クヌート」と挨拶する。「時間」はその時点で消えてなくなる。

ホッキョクグマの赤ん坊によって定義される「時間」。言葉の把握が肉感的に、またとない切実さで示される。「時間」は愛着ともつながっているようだ。

物語は一直線には進まず、時制も入り組んでいて、比喩や言葉遊びがふんだんにちりばめられる。あらすじをたどることも簡単ではないが、初代の物語「祖母の進化論」のストーリーをごく簡単に紹介する。

メスのホッキョクグマの「わたし」は、旧ソ連に生まれサーカスで芸をしていたが、膝を痛めて裏方に回り、やがて自伝を書き始め、作家になる。「わたし」は西ドイツに亡命し、そこからカナダへ向かい、さらに東ドイツへ――。

作中で「わたし」は「人権問題を考える会」の女性から「社会主義圏の芸術家とスポーツ選手の人権について」インタビューを申し込まれ、こう考える。

実際わたしは、自分に「人権」と縁があるなんて、それまで思ってもみなかった。「人権」などというものはそもそも人間のことしか考えていない人間が考え出した言葉だと思っていたからだ。タンポポに人権はない。ミミズにもない。雨にもない。兎にもない。ところが鯨となると、人権のようなものを持っている。「捕鯨と資本主義」という資料を昔、会議の準備で読んでいてそんな印象を持った。どうやら人権は、図体が大きい者の持つ権利らしい。だから、みんなわたしに人権を持たせようとするのかも知れない。何しろわたしたち一族は、肉を食べ、陸に生きる者の中では、一番からだが大きい。

ここに示されているのは、アニマルライツ（動物の権利）の思想だろうか。そうだとすれば、権利の根拠としてサイズ（大きさ）が示されていることに注目したい。権利主体となり得る動物とそうでない動物を分けるために、しばしば知的かどうかとか、痛みを感じるかどうかといった基準が示されるが、作家は実にシンプルな指標を示してみせた。真理と心理（人間の）を射貫いているような気がする。

ホッキョクグマが自伝を書くなんて、明らかな擬人化であろう。しかし、多和田さんの力業によって、物語の「わたし」はホッキョクグマらしさを残したまま、言語表現のスペシャリストとも呼ぶべき作家として造型されていく。

読了したときの驚きを忘れない。擬人化はいけない。擬人化は虚偽を紛れ込ませる。科学にも、ほとんどの場合、事実にも反する。そして社会的な洗脳にさえ利用される。そんな思い込みが揺さぶられた。

擬人化は動物に人格のようなものを見いだす心の働きでもある。人間とかわらぬ命の尊厳を感じることにもつながっていく。

ペットの犬やネコに服を着せることは、人のように見せるという目的のために行われるのではなくて、彼らを家族とみなし、人格（犬格、猫格と呼ぶべきか）を認めた結果であろう。共に暮らす動物を擬人化してしまうことは、自然な心の働きであり、否定し去ることはできない。

†シロクマピースが教えてくれたこと

『雪の練習生』に与えられた気づきをもとに、それまでの動物園取材を振り返ると、それほど遅くない時期に、擬人化否定とは逆のアプローチに出合っていたことに気づく。

連載『生きもの大好き』が一五〇回を超えた二〇一一年、生きものと関わる人間に焦点を当てる『生きものと生きる』という月一回の連載を並行して始めた。動物よりも、どうしても人間に関心を持ってしまう性《さが》の現れだと思う。

その五回目が、シロクマピースの飼育で知られる愛媛県立とべ動物園の高市敦広さんだった。見出しは「動物が幸せな動物園に／ピースが教えてくれた」。この見出しですべて尽きているといえなくもないのだが、高市さんの考え方や姿勢と実践、そしてピースとの関係性を知ることができると思うので、以下にコメントを付しながら、引用したい。

愛媛県立とべ動物園には日本でただ一頭、人間が育てたホッキョクグマがいる。一一歳のメスのピース。六八〇グラムで片手にのる大きさだったのが、今では二八〇キロになった。手探りで育ててきたのは飼育員の高市敦広さん（四一）。ピースは高市さんにとってどんな存在なんだろう。

「第一に、わが子のような存在です。でも、ピースを育てることでいろいろな経験をし、悩んだり考えたりした。ピースによって育てられたから、逆に母親のようだともいえる。そして、本当に大切な存在です。見ているだけでいやされる。だから恋人でもある」

ピースはどんな存在かという問いに、高市さんは「わが子」「母親」「恋人」と、まさに擬人化して表現した。もちろん、ピースがホッキョクグマであることを高市さんが無視したり、忘れたりするはずもなく、取材者とその先にいる読者の理解を助けるための比喩だが、心の距離がそれほど近く、かけがえがないということも表現している。高市さんにとってピースは動物を超越し、おそらく人間さえ超える。

ピースに何を教えられたのか。

ピースが生まれたばかりの頃は二四時間一緒だった。仕事が終わると、家に連れ帰る。どんなミルクを与えるか。鳴き叫ぶのはなぜか。離乳食は？ 次々に出てくる難題を乗り越えていった。

「先入観にとらわれてはいけないと知りました。知識や経験も大切ですが、これはこ

高市敦広さんとホッキョクグマのピース（写真提供・共同通信社）

うだと決め付けてしまうと、何を訴えているのか見失う」
たとえばピースが鳴き続けたとき。
「哺乳類の赤ちゃんは普通は温める。でも涼しい所に連れて行ったら、すっとおとなしくなった。暑がっていたんです。先入観でなく、目の前のピースをみて判断しなくてはいけない」。寒い冬の夜も、家の窓を開け放した。

ピースがここまで生きてきたのは、通り一遍の飼育をしてきたからではない。ピースには病気がある。それも一瞬の隙に付けいって命を奪うような難しい病気だ。

インタビューの間も、ピースを映すモニターから目を離さない。ピースにはてんかんの持病がある。プールで発作を起こしたら溺れてしまう。

「二八〇キロありますから、私の力でできるのは、頭を水面にあげて、発作の間だけでも、何とか呼吸を確保することだけなんです。発作が解けたら自力で上がってくるでしょうから」

実際にプールの中で発作を起こしたこともあった。水を張っていないプールに転げ落ちそうになり、支えたことも。

「命にかかわる危機が何度もあった。だからいま生きているのが当たり前ではない。危機が今度いつ来るかもしれない」


本稿を書いている時点でピースは二二歳になり、元気に暮らしている。

ちなみに『雪の練習生』に登場するクヌートは、ピースより七年遅く二〇〇六年に生まれて、ピースと同じく人工哺育で育ち、一一年、プールに落ちて死んでいる。ふらふらとバランスを失ってプールに落ちる様子を、ネット上で確認することができる。

さらにネット検索すると「【動物学】クヌートの死の真相」（一五年八月二八日掲載）が

見つかる。プール転落の理由を「てんかんの発作」とし、さらに病因を探っている。ピースもクヌートも人工哺育だから、その生育歴に共通の原因があるかもしれない。何度も発作を起こしながら、しかし、ピースは生きている。高市さんの献身に深く感謝したい。

次の段落は擬人化にも関わる重要な考察だ。

ピースと接することで、高市さんはさまざまな疑問を感じ、考えるようになった。

「動物園ではよく「展示」という言葉を使います。ピースに発作が起きて出血したので、今日はお客さんの前に出せないからと、同僚に表示してもらった。親子連れが「本日ピースは展示できませんだって、なんだか物みたいだね」って話していた。はっとしました」

「一般の人からすると、飼育係は動物に愛情を注いで、わが子のように世話をしているとみられていると思う。その私たちが絵画か装飾品みたいに展示なんて言っている。動物は物ではない。展示という言葉をやめました。本日はお会いできませんと書く」

†わが子に「飼育」はそぐわない

高市さんの思いは、展示という言葉に対する来園者の違和感と響き合う。高市さんにとってピースは物でないばかりか、ただの人間さえ超えるだろう。だから展示という言葉はそぐわない。この違和感は動物園の核心に触れる。動物は物ではない。

こう書いて連載タイトルを「生き物大好き」とせず「生きもの大好き」としたのは、正解だったと胸をなで下ろす。

展示という言葉はやめるとして、では「飼育」はどう捉えればよいのか。ここでようやくキーワードが導かれる。高市さんの言葉だ。

「世界中の動物園にいる一頭たりとも、自分からここで生活させてくださいと言ってきたわけではない。人間の都合で、狭い空間に入れている。飼育係はそれに触れたがらない。でも現実です。そこで何をしていくか。限られた空間で生活してもらっている代償として、日々、精いっぱい世話をするのが務めだと思う。狭い空間の中でも、動物が幸せを感じることができるようにしたい」

人間の都合で狭い空間で暮らす動物。せめて精いっぱい世話し、幸せを感じることができるように。キーワードは「幸せ」である。

しかし、動物の幸せとは何か。種によって、個体によってもそれは異なるかもしれない。

いや、動物の幸せを人間の尺度で測ることは誤りだと、動物園取材を始めてすぐ、多摩の昆虫生態園で教えられたはずだった。そのことも、高市さんは百も承知だった。

ではピースの幸せは何かといったら、分かりません。動物の幸せとか、クマの幸せというふうに、ひとくくりにできるものでもないと思う。ただこの子の親になった気持ちで世話する。親っていうのは損得じゃない、この子にとって一番いいのは何なのかを考える。そういう気持ちでその動物に接することが、幸せな動物を作るひとつの道ではないかと思います。

冒頭で高市さんは「わが子」「母親」「恋人」と擬人化して説明したが、飼育係としての気持ちに最もそぐうのは「わが子」であるらしかった。高市さんはピースをわが子だと思って飼育している。

ここまで来ると、やはり「飼育」という言葉にも違和感を持たざるを得ない。わが子と呼べるほど大切なピースが、幸せに生きられることを願って最大限尽くす世話は、もはや飼育ではないだろう。

「展示」という言葉は、動物をモノとみなしているという問題があった。さらに「飼育」

という言葉にも疑問符が付くとすれば、「動物を収集・飼育・展示する施設」という動物園の定義そのものが揺さぶられている。

動物を支配の対象としてしまったり、物化してしまったりする言葉から、その作用を消し去るには、どう言い換えたらいいのか。あるいは動物園の定義に、動物の尊厳を回復するような何かを付加する方法を探すべきなのか。

†忘れないゾウと号泣する雄牛

『雪の練習生』で多和田さんは、ホッキョクグマに「どうやら人権とは、図体が大きい者の持つ権利らしい」と語らせていた。

ホッキョクグマは肉食動物としては地上で最大だが、ホッキョクグマをはるかにしのぐ地上最大の動物といえば、ゾウである。二〇〇八年のゾウのシンポジウムで出会ったゾウの研究者、入江尚子さんは二一年に『ゾウが教えてくれたこと』を出版し、ゾウの魅力や知能の高さ、そして特別な能力を縦横に語っている。

その中でゾウの脳について、人間に比べ側頭葉と海馬が特に肥大化し、記憶力に優れた動物と考えられると述べ、西洋には「ゾウは決して忘れない」ということわざがあることを紹介している。それを読んで、盛岡市動物公園で会ったアフリカゾウを思い出した。一〇年一〇月に配信した連載一三四回目の見出しは「仲良しの二頭がじゃれ合う／九年前に悲しい出来事」だった。

大きなゾウがさくごしに鼻をのばし、小さいゾウの耳や背中にからめる。じゃれ合っているみたい。岩手県の盛岡市動物公園にいる二頭のアフリカゾウは仲良しだ。

「大きいのがオスの「たろう」、小さい方がメスのマオです。マオはたろうのおよめさんとして、東京の多摩動物公園から来ました」と担当の竹花秀樹さん。たろうは一九歳で体重が六トン近く、マオは八歳で二トンちょっと。「大きさがちがいすぎるので、まだいっしょにはできません」

たろうは人間にほめられるのが大好きで、とても素直だ。「鼻を上げたり、ふせをしたりする訓練も、ほめるとどんどんやってくれます」。マオはおてんば。運動場をかけ回り、後足をかべやさくにかけて逆立ちのポーズまでする。「けがをしないかハラハラします」

たろうには悲しい出来事があった。たろうは一歳のとき、メスの「はなこ」といっしょに盛岡に来た。九年前、はなこにたろうの赤ちゃんができたが、赤ちゃんがおなかにつまり、はなこも赤ちゃんも死んでしまった。

たろうは元気をなくしてやせ、もどるのに二年近くかかった。それから三〜四年たったある日、飼育員さんが近くで話しているとき「はなこ」という言葉が出てきたら、びくっと体をふるわせ、あたりを見まわしたそうだ。はなこを忘れていなかったんだ。

たろうは残念ながら、この取材の八年後に病気で死んでいる。

ゾウの記憶力の良さには、連載の他の回でも触れた。担当を外れた飼育係が四年ぶりに担当として戻ってきたら忘れていなかったとか、七歳半でインドから来たゾウにヒンドゥー語と日本語の両方で号令の言葉を話していたら、一カ月もしないで日本語を覚えたというったエピソードだ。

戦時中の一連の動物殺害で、ゾウのジョンは「あばれんぼうで、いうことをきかない」（絵本『かわいそうなぞう』）ことを理由に、都長官の命令よりも先に殺害に着手されたが、彼の記憶の中には人間に対する深い不信が刻まれる出来事があったのかもしれない。

動物行動学者の佐藤衆介《しゅうすけ》さんは著書『アニマルウェルフェア』の「おわりに」で、次のような印象的なエピソードを紹介している。佐藤さんはそのとき、大学の卒論研究のために大学付属農場の放牧地に泊まり込み、三〇頭のウシ群を観察していた。

観察した三〇頭の雌牛群には一頭の雄牛が入れられ、種付けを一手に任されていた。三〇頭の牛群は数群のサブ・グループに分かれるが、あるとき一頭のウシが三日ほどいずれのサブ・グループでもみつけられず、心配した時期があった。雄牛を追跡観察していたとき、ヒトの背丈を越すススキ草原で三日間みかけなかった雌牛の死体に遭遇した。そのとき、雄牛はいままでに発したこともない大きな声「モー」を何度も何度も繰り返し、涙をぽろぽろと流したのであった。

真夏の暑い昼下がり、ススキ草原のまっただなかでの号泣であった。一〜二分後には、その雄牛は何事もなかったかのようにまたススキを食べ始めた。摂食、号泣、摂食と数分のうちの行動のギャップに驚くとともに、三〇年で一度の経験しかない「雄牛の号泣」にいまもとらわれている。雄牛にはそのときどのような情動（主観）が生じたのか。擬人的に解釈することは簡単である。動物の主観をいかに客観的にとらえられるか。それは、これまでの私の研究、そしてこれからの研究の一貫したテーマとなったのである。

この本はアニマルウェルフェアについて、科学的なアプローチを基本としつつ、歴史や文化的な側面からも検討を加え、さらに引用文によって明らかなように、生きものたちに冷静だが、共感的な視線を注ぐ。

こうして科学的な知見や具体的な事実を知っていくと、ゾウにもホッキョクグマにもウシにも、幸せを感じる心があり、ただ、そのありようがヒトとは違っているだけなのだと思えてくる。入江さんはかつてわたしのインタビューに、学問としてゾウを研究する目標や意味についてこう語っていた。

「ゾウがこんなにいろんなことを考えているんだって知ったとき、感動しない人はいないんじゃないかな。人の世界の争いは、人間が中心であり、特別だという思想が根幹にあることが多い。わたしはもともと動物が好きだから動物に尊敬の念を持っているけれど、ほとんどの人は下に見ている。動物学は、人も動物の一種として考える。人間は特別な存在じゃないということを科学的に示すことができる学問です」

動物に人の扮装をさせるような擬人化は論外としても、動物に自分の感覚を投影したり、それによって動物の心理を推し量ろうとしたりすることは、人間が動物に接近しようとするとき、当たり前の心の働きとして肯定できるのではないか。

そのとき、科学から逸脱してはいけないけれど、いまの科学が動物の見えない部分まで、すっかり明らかにできるとも思えない。擬人化を含めた想像・共感の力や、それを用いた創作（たとえば『雪の練習生』）を通じて、わたしたちはわずかながらでも、動物たちの内面に接近できる。それは動物たちに尊厳を見いだすことにつながっていくのではないか。

動物の幸せを願うことは「アニマルウェルフェア」への道であり、動物に尊厳を見いだすことは「アニマルライツ」に通じるだろう。それについて論じる力はわたしにはないが、擬人化を全否定する必要はなく、人間と動物との距離を縮め、動物や自然を大切にする方向に導く可能性があることは押さえておきたい。

†名付けるとき立ち上がる人格

動物に名前を付け、その名で呼ぶことは、究極の擬人化かもしれない。野生動物が自然界でお互いを名付け、その名で呼び合うということはありそうもないから。

メディアで仕事をしてきたわたしにとって、ある記事で当事者や関係者の名前を書くか書かないかということは、原則論としても具体的な課題としても大きなテーマであり続けてきた。そして、連載「生きもの大好き」では、飼育係や獣医師の名前を必ず出すようにしてきた。

増井光子さんのアドバイスはこうだった。「お客さんが一番求めているのは飼育係と会話すること」「そのへんに飼育係の姿が見えてて、その人とちょっと動物にまつわる会話をしたい」

だとすれば、話をしてくれたのがどんな人なのか。詳しく書き込むことはできなくても、その人格を象徴するものとして、名前を書き記そう。名前のある人間の言葉として、動物とその人の関わりを描きたいと思った。

関東のある動物園で、取材をして原稿を書き終えたあと、飼育係の名前を一切出さないようにと言われ、途方に暮れたことがあった。どう説得しても頑として聞いてもらえない。とても楽しく話を聞いて録音し、いい写真も撮れたと思ったのだが、それらはいまも私の外付けハードディスクの中に眠っている。

一方で動物の名前についてはそれほどこだわっていなかった。名付けられていない動物も多かったし、たとえ名前があっても、群れの中だと、わたしにはほとんど見分けがつかなかった。個体への注目が不可能なら、記事で個体名を記す意味も失われてしまう。

記事に書くか書かないかは別にして、取材を振り返ると、ゾウやホッキョクグマやカバには、みな名前があった。そのあたりは多和田葉子さんの『雪の練習生』でホッキョクグマが「どうやら人権とは、図体が大きい者の持つ権利らしい」といっていることをまねて「どうやら名前とは、図体が大きい者に付けられるらしい」といってもいいかもしれない。

そうすると「図体の大きさ」を媒介項として、三段論法のように「どうやら人権を持つ者には、名前があるらしい」といえるかもしれない。

連載「生きもの大好き」では、動物の名前を主題としたことも何回かあった。二〇〇九年一一月に配信した京都市動物園のインドオオコウモリの記事を参照する。

「インドオオコウモリがぶら下がっている。コウモリにはこわいイメージがあったけれど、よく見ると、あいきょうがある」と書き出し、生態を説明したあと、前年に生まれたメス「満ちる」を人工哺育した経験を、担当の河村あゆみさんの言葉で描いた。そして、締めくくりで名前に込めた思いを記録した。

満ちるという名前には、生まれた時、弱々しくて心配だらけだったので「元気と幸せに満ちあふれるように」という願いをこめた。

満ちるの一歳の誕生日、河村さんは動物園のブログにうれしそうに書いている。

「これからももっと『満ちる』らしく元気で幸せでいてやぁ！」

動物園を回る中で、大きな動物には名前があるということと並んで、名付けや名前の公表に積極的な動物園と、そうではない動物園があるらしいことにも気付いた。どういうことなのだろう。ところが、動物園動物に対して名前を付けることの意味や是非を考察した文献はあまり見当たらない。

石田戢さんの『日本の動物観』はその数少ない文献のひとつであって、第一〇章で「名前を付ける」という項目を立て、歴史的な整理から始めている。

それによると、一八八二年の上野動物園の開園以来、昭和初期まで「江戸っ子トラ」とか「暴れゾウ」といった異名はあっても、動物に名前を付けた例は極めて少なかった。その理由は動物園側の事情で①動物園は種の展示・普及をするところで、個体を紹介するところではないと考えていた②「見世物」性をのぞこうとした③戦前、動物は長生きすることが少なかったので、お客さんが個体に愛着を持たないようにした——と説明されている。

上野動物園ですべての大型動物に名前が付けられるようになったのは、昭和三〇年代後半から。そのころには、名付けることがお客さんから求められるようになっていたという。

現状について石田さんは次のように述べる。

> 個体に名前をつけることと並行して、動物の個体に愛着や親近感をもって動物園にくる人たちは増加してきている。どこの動物園にいっても、週末には特定の個体のファンがいて、一日中その個体をみている人がいる。こうしたことはかつてあまりみられなかったことであり、明らかに「種」に注目することから、個体への注目を高める方向へと移行している。

（中略）個体の名前をつけてもそれを公表しない動物園もある。これは来園者が過度にその個体に感情移入すると、個体の移動や取り扱いに支障が出る可能性があるからだと思われる。動物園運営者と利用者の間ですれ違いが起きているともいえよう。

運営側とファンの間にすれ違いがあるとして、それは調整可能だろうか。井の頭自然文化園の元園長、成島悦雄さんは共著『動物のいのちを考える』で「名前をつけることの功罪」という項目を立て、是非を正面から論じている。

その中で成島さんは「動物に愛称をつけると、その動物は擬人化されて人にとって特別な存在となりうる」と述べ、名付けと擬人化の関係を言い当てる。

さらに、自らも園長をしていた井の頭で人気者だったアジアゾウ、はな子の例を引いて論を進める。

はな子にはたくさんのファンがいるが、ファンの方々は、現実のはな子を見ながらも、自分の心にそれぞれのはな子像を描いているようだ。現実のゾウは、童話や童謡に登場する気持ちのやさしい「ぞうさん」ではない。

ファンの抱くイメージは現実とは違うのだと、いつも温厚な成島さんがちょっと厳しい表情を見せている。

井の頭のはな子の飼い方については、その晩年に飼育方法を変えたことから、是非をめぐってファンの間で議論になった。石田さんの指摘する「来園者が過度にその個体に感情移入すると、個体の移動や取り扱いに支障が出る」ケースだと、成島さんも感じたのだと思う。

さらに、井の頭に来園したカナダ人女性がブログに批判するコメントを投稿したことも騒ぎを巻き起こした。それを受けて、はな子が死ぬ二カ月前の一六年三月、井の頭自然文化園がそのカナダ人女性に、はな子の飼育の実際を見てもらい、さらに飼育担当者との対話の機会も設けたことは、動物園のオープンな姿勢を示すものとして書き留めておきたい。

これによってそのカナダ人女性は、はな子の状況についての評価を改め、いくつかの改善を求める姿勢に転換している。

名付けについて成島さんは、結論として次のように述べる。

動物に名前をつけることで、来園者と動物の距離を近くすることができる。飼育管理上も名前があることで個体識別が円滑にいく。しかし、名前に引きずられることで動物を動物として素直に見ることができなくなる危険も大きい。人と動物がこの地球上で共に生きていくために、私たちには、まず、動物を正しく理解することが求められる。そのためには、野生動物に名前をつけて擬人化し、人間の価値観を通して動物を見るのではなく、野生動物そのものとつきあうことから始めなくてはいけないのではないだろうか。名前はつけても、擬人化せずに動物としてみることができれば最も良いのだが、それはなかなか困難であるというのが私の実感だ。

「名付けないわけ」として、石田さんが管理運営上の理由を挙げているのに対し、成島さんは「動物を正しく理解する」という目標を示して、名前はその障害になると考える。動物園の四つの役割論で言えば、名付けることは、動物を見て楽しむという娯楽性へのベクトルを持ち、教育や研究、種の保存といった方向性とは背反することになりかねないという認識だと思う。

しかし、たとえばホッキョクグマに名前がないとか、「HK－4」などと記号で呼ぶ状況は、飼育係にも来園者にも受け入れがたい。もしかしたら、当の動物もそれを拒否するかもしれない。『雪の練習生』のクヌートは、確かに自らの名前を認識し、その名で呼ばれることを喜んでいたようにみえる。

動物に名前を付けるという一見、単純な行為はこうして、擬人化という問題に加え、動物園の役割論や管理運営、集客、名前というものの本質とも絡んで、複雑な様相を見せる。

†死出虫のリアルの果てに

小学生のとき、童話作家の佐藤さとるさんが作り上げたコロボックル（小人たち）の世界にはまり（それは「はまる」としか表現しようのないものだった）、放課後、図書室で『だれも知らない小さな国』を繰り返し読んだ。

放課後の図書室には鍵がかかっていたが、隣接する児童会室から出入りできたので、こっそり侵入していた。カーテンを閉めたまま、うす暗く蒸し暑い図書室で、想像のコロボックルたちと遊んだ喜びを忘れない。

その佐藤さとるさんの企画展が二〇二一年夏、神奈川近代文学館で開かれた。展示を見終え、出ようとすると冊子が売られていた。『鬼ヶ島通信』というタイトルで、童話作家たちの同人誌らしかった。見ると、二一年春号の特集タイトルが「どうぶつを書く」。買わないわけにはいかない。

そのなかで最も驚かされたのは、画家で絵本作家の舘野鴻《たてのひろし》さんによる「物語の中の野生──人にたとえるということ」と題した文章だった。

師である熊田千佳慕《くまだちかぼ》の絵には妖精が出てきたり、虫同士、または虫と人が話をしていることがある。また、絵本『ファーブル昆虫記の虫たち』（小学館）では、ヒキガエルに食われそうになるオサムシをミツバチが助けたりする。石頭な私はこの表現に強烈な違和感を持っていた。自然の行いの中に「人道主義」を持ち込むべきではない。そして熊田千佳慕は「私は虫である」と言った。しかし私は「私は断じて虫ではない」と思っている。

擬人化の完全否定である。舘野さんの代表作のひとつ『しでむし』は、そのような姿勢を貫徹して描かれた。

……ともかく熊田千佳慕のようには描くまいと、死肉を喰うヨツボシモンシデムシの成長を描いた絵本『しでむし』（偕成社）を全力で描いた。この絵本で虫が話をすることはない。（中略）シデムシを淡々と追っていくその向こうに、生きものは生まれたら必ず死に、その死から始まる生もあるという単純なことを描いた。

この絵本については二一年秋、小学校低学年向けに本を紹介する連載「本の海へ」で取り上げたので、記事を引用しておく。タイトルは「自然の命のつながり」である。

表紙には甲虫《こうちゅう》が一匹。せなかと触角の先のオレンジ色があざやかだ。でもページを開くと、あかねずみの話が始まる。

黒い線だけでえがかれるねずみは、ふんわりあたたかい。春、赤ちゃんが生まれる。こねずみは夏の間、どんぐりや虫を食べて、おとなになる。

秋に赤ちゃんを産み、おかあさんになる。おかあさんはどんぐりや木の根を食べて冬をこす。

「あたたかい春が　きた。でも　おかあさんは　元気がない。だいすきなどんぐりもすどおり」。どうしたんだろう。

ページをめくると、ねずみが横たわり、目をうすく開いている。死んでいるのかな。そこに虫たちが集まってくる。主人公のしでむしも登場する。しでむしは漢字なら「死出虫」。死体からわいて出てくるような虫という意味だ。

そこからは、しでむしの物語。知らないことがいっぱいだ。

自然の命のつながりがていねいに、ありのままにうつしだされる。

『しでむし』を描き終えた作者は、絵本という表現手段の可能性を実感する。そして、やがて気づく。再び舘野さんの文章を示す。

> それからも虫の生活をひたすら追う作品を描いているが、あるとき、わたしの描いている昆虫絵本は「擬人化ではないか」と思うようになった。主観を排し徹底的に観察し、狂いのない表現をしなければならない、という思考のクセは抜けないままだが、やたらと細密な絵が何枚も連続し、そこにかすかな物語があり、最終的に読者に何かを「感じて」もらおうとしているのがこの絵本だった。虫の姿に人の生きる姿を重ね、もしあなたがこの虫ならどうですか？　と問いかける。私の石頭は野生生物を擬人化することは罪悪であるとすら思っていたが、ここに込めたのは、シデムシの暮らしの説明の裏に、全力でひた隠した人に対するメッセージだ。これは暗喩であり、一種の擬人化とは言えないだろうか。

舘野鴻『しでむし』
偕成社

舘野さんの絵本は、生きもののリアルへの徹底的な接近において、たぐいまれだと思う。それを達成できるのは、優れた観察力と卓越した画力ゆえだろう。

対象に対するそのような徹底的な接近が、逆に心情的な共感のようなものを呼び起こす。それはこの絵本を読んでいるわたしに実際に起きたことだ。中身を正確に言葉にすることは難しいが、わたしの生と死もまた、このシデムシのようなものなのだというある種、諦観のような感情で満たされた。

舘野さんの問いにすっきりと応答する内容ではないかもしれないが、問いは確かにわたしに届いている。

リアリズムを突き詰めた果てに、逆説的に浮かび上がってくる擬人化。擬人化を考えることは、かくも難しい。

第四章

動物園で考える

1　アニマルウェルフェアとは何か

†動物の幸せを科学する

前章で擬人化はアニマルウェルフェアやアニマルライツにつながっていくのではないかと書いた。アニマルウェルフェアは動物園がいま直面する最大のテーマといってもいいと思う。それは「収集・飼育・展示」を骨格とする動物園の定義とどう関わるのか。そのことを頭に置きながら書き進めたい。

英語「ウェルフェア」の一般的な訳語は「福祉」だが、日本語の福祉とは微妙な違いがあるという。佐藤衆介さんの『アニマルウェルフェア』はそのことを詳しく検討し、本のサブタイトルでは「福祉」を使わず「動物の幸せについての科学と倫理」としている。

ピースの飼育係、高市さんも「動物の幸せ」という言葉を使っていた。わたしにとっても実感的に伝わってくるので、特段の支障のない限り「動物の幸せ」と理解して進めたい。

すでに紹介したように、佐藤さんは『アニマルウェルフェア』の「おわりに」で、雄牛の号泣に遭遇した経験をつづり「動物の主観をいかに客観的にとらえられるか」をテーマとして研究してきたと書いている。では、動物の幸せは客観的に把握できるのか。
科学によってそれを知るために、佐藤さんは対象動物のホルモンの分泌量や異常行動の多寡、形態の変化などを指標として調べ、幸せではない原因を探り、除去する方法を示す。

佐藤さんの『アニマルウェルフェア』において、動物園動物への言及は多くないが、「動物本来の形態、生態および習性を展示する」という項目があり、国が定める「展示動物の飼養および保管に関する基準」を示して解説している。

「基準」はアニマルウェルフェアのレベルを高めることを要求しているが、基準の中の「展示方法」のうち、演芸についての佐藤さんの考え方に注目したい。まず「基準」の文言を参照する。

> 動物に演芸をさせる場合には、演芸及びその訓練は、動物の生態、習性、生理等に配慮し、動物をみだりに殴打し、酷使する等の虐待となるおそれがある過酷なものとならないようにすること。

「基準」によれば、酷使や虐待でなければ演芸を許容することになる。かなり驚いた。動物園や水族館を回る中で「芸は駄目」「ショーはいけない」という言葉を何度も何度も聞かされていたからだ。しかし、すでに見たように、JAZAの倫理福祉規程も「演示」における過度な擬人化を戒めながら、演示自体を否定したり、擬人化をすべて禁止したりしているわけではなかった（第三章3）。

佐藤さんは「基準」について「演芸はアニマルウェルフェアを阻害する可能性をもつものとしてとらえられているが、アニマルウェルフェアを促進する可能性もある」と注意喚起する。その根拠として挙げるのは、京大霊長類研究所のチームによるチンパンジーの認知能力の研究でチンパンジーが「学習が進むにつれて餌がなくても熱心に学習に取り組むようになる」ことだ。

上野でかつて人気だった「おサル電車」に関する井の頭自然文化園元園長の成島悦雄さんの見方を紹介した（第三章3）。成島さんは「サルに充実した時間を提供する環境エンリッチメントの先駆的なものであったと考えることもできる」と擁護している。

これについて、わたしは木下直之さんの言葉を借りておサル電車を否定したのだが、佐藤さんによれば、一蹴されるべきでないということになる。佐藤さんは次のように「演芸」を科学することを主張する。

展示動物に演芸をさせることは、日本を含むアジアの動物園での展示の常套手段である。かかわりを重視するアジア人の特徴に由来する展示ではあるが、人工環境のなかでウェルフェアを改善できるひとつの手法として、今後研究していく必要がある。「喜び情動」の研究ならびに作業療法的な意味をもつ演芸の研究はアジア圏のアニマルウェルフェア研究者にとって課題のひとつであるに違いない。

科学の前に誠実な研究者は、倫理的な思い込みからも自由だった。主体である動物にとってはどうなのか、突き詰めていく。研究対象に対して、フラットに、先入観なく取り組もうとする姿勢に、記者たるわたしも学ばなければならない。

†マガモになったローレンツ

動物園動物の幸せを考えるとき、ピースの飼育係、高市敦広さんの「狭い空間の中でも、動物が幸せを感じることができるようにしたい」という言葉は大切だと思う（第三章4）。そして多くの飼育係も同じ気持ちだと思う。動物園動物の幸せの担い手は、第一に飼育係である。

では、飼育係は動物の幸せをどうやって見極めるのか。良き飼育係はそれを肌で、実感で測っているのではないか。

飼育係ではないけれど、ノーベル賞を受賞した動物学者、コンラート・ローレンツは著書『ソロモンの指輪』（日高敏隆訳）で、次のようなエピソードを明かしている。

ちょうど聖霊降臨祭の土曜日に孵化《ふか》するよう、一腹のマガモの卵を孵化器《ふらんき》に入れた。ヒナたちがかえって体がかわくとすぐ、私はできるだけ上手なマガモ語でヒナたちを呼んでみた。数時間、いやまる半日、私はそれをつづけた。首尾は上々であった。子ガモたちは信頼しきったように私を見上げ、私を恐れる気色などさらになかった。私がたえずゲッゲッゲッ…といいながらゆっくり歩きだすと、彼らもすなおに歩きだし、ちょうど母親についてゆくときとおなじようにみんなくっつきあって、私のあとからチョコチョコついてくるのだった。

科学者ローレンツはこのマガモの母子ごっこを酔狂でやっているわけではなかった。一種の実験だったのだ。

私の仮説がみごとに実証された。かえったばかりの子ガモたちは母親の視覚的な姿ではなくて、母親の呼び声に生まれつき反応するようになっているのである。ちゃんとした呼び声を出すものなら、大きな白いアヒルでも、もっと図体の大きい人間でもかまわない。みんな母親とみなされる。

実験は続き、ローレンツが立ち上がったり、鳴き続けるのを休んだりすると、子ガモたちが母親を探して、泣きだす。

私は、卵からかえって一日目の子ガモをつれて、五月の草が青々としげった庭の中を腰をかかめ、ゲッゲッゲッとわめきながら歩きまわっていた。子ガモたちが私のあとから従順にそして正確についてくるので、私はいささか有頂天になっていた。

中川志郎さんの『動物園学ことはじめ』は、これを引用して「ローレンツが明らかにマガモになった」と評している。中川さんの愉快そうな顔とローレンツの得意げな顔が二重写しになる。中川さんはこのエピソードを紹介する理由を次のように述べる。

彼自身がマガモになることによって、その隔たりを縮小したのである。もちろん、世界的なノーベル賞学者の行動と、我々飼育係員と同列に論じることはできないが、そ

の事実行為としては、奇妙な一致をそこに見出すことができるのである。（中略）
飼育係員は、その動物を飼育する、あるいはその動物と生活を共にするために、動物に近づく必要があった。そして、その方法はたったひとつ、当事者である人間自身が、その動物になりきることなのである。

さらに、それが上野動物園飼育職員執務基本の「飼育四主義」のひとつ「動物第一主義いつも動物の身になって飼育を考える」に表現されているとして、解説する。

動物の身になって飼育を考えるということは、とりもなおさず、その飼育職員が、その動物になり、その動物の眼で見、その動物の耳でききき、その動物の肌で感じる、ということである。
ここでは、飼育する、あるいは、飼育されるという関係よりも、共に生活する、という方がより真実に近い。（中略）
動物の身になって考える、ということは、すでに述べたように、飼育者が、その動物になりきるということと同義である。その動物になることによって、その動物の望む所、受け入れられないところを理解し、それなりの対応を考えるということである。

これは、言葉でいうほど、決して容易なものではないが、これが達成しない限り、真の飼育はあり得ないと考えるべきである。

ここに示されているのは、擬人化とは逆の方向性である。擬人化は、動物を人間に引き寄せ、人間の感情や論理にあてはめて動物を理解しようとする。あるいは動物に人間を投影し、人間に似せてしまう。

これに対して、中川さんが求めるのは、人間の側が動物に接近していくことだ。「擬動物化」と呼ぶべきかもしれない。それが飼育において最も大切なことだという。「しでむし」の舘野鴻さんの手法も、限りない接近だったことを思い出す。

†環境エンリッチメントは「うれぱみん」

動物が幸せに暮らせるように、いまや多くの飼育係が日々取り組んでいるのが、環境エンリッチメントだ。

エンリッチメントを辞書で引くと「富ませること、豊富にすること」といった訳語が出てくる。『動物園学入門』の環境エンリッチメントの定義を再掲すると「飼育下に置かれている動物の環境に対し、追加あるいは変更を加えて野生での自然な行動を引き起こし、それが動物福祉につながるという考え」だった。

優れた環境エンリッチメントの取り組みを表彰しているNPO、市民ZOOネットワークの定義はシンプルで「動物福祉の立場から、飼育動物の〝幸福な暮らし〟を実現するための具体的な方策」とする。動物福祉と幸せな暮らしは、わたしの理解ではトートロジー（同語反復）だから、「動物園動物の幸せを実現する具体策」と捉えることにする。

環境エンリッチメントという言葉は日本語と英語が組み合わされ、何を意味するのか分かりにくい。いい言葉はないかと頭をひねった。

川上未映子さんの小説『ヘヴン』で、いじめられている少女「コジマ」と同級生の「僕」が、公園で初めて会う場面がある。「友達になってほしいの」というコジマに、「僕」がうなずく。コジマが「うれぱみん」という。名作だが、つらいシーンが続くその小説のなかで、心がほのぼのとする場面だ。あとになって「僕」は「うれぱみんってなんのこと?」と聞く。コジマが答える。「うれぱみんは、うれしいときにでるドーパミンのことだよ」。苦しいときは「くるぱみん」、さびしいときは「さみぱみん」だと付け加える。

環境エンリッチメントの代わりに「うれぱみん」はどうだろうか。この言葉を使いながら、書き進めてみたい。

『動物園学入門』は、手を加える対象によって環境エンリッチメントを①道具②居住空間

③餌④五感刺激⑤社会的構造――に五分類し、それぞれの具体例とともに詳説している。千葉県の市川市動植物園の飼育係、水品繁和《みずしなしげかず》さんの取り組みを紹介したい。連載の五一三回目、水品さんの担当するスマトラオランウータンのことや野生下の状況を紹介したのに続く後半部分だ。

一五年前、最初に生まれたオスの「ウータン」はやんちゃで、お母さんは育児で疲れてしまった。「そこでウータンが自分で遊べるものを作ろうと考えました」と水品さん。

森を再現することにした。といっても、本物の森は作れない。同じ使い方（遊び方）ができるように「木の枝や幹、からまるツルを鉄のポールや麻のロープで作り、幹と幹の間をねじった消防ホースでつなぎました」。

親子はこの運動具をよく使っている。「自然は再現できなくても、仕組みや本質を読み解いて、動物園で与えられる形にしていくんです」

これは①道具や②居住空間の工夫に分類されるだろうか。

もうひとつ、実例を示したい。人物メインの連載『生きものと生きる』の三二回目で横浜市金沢動物園のインドサイ担当、先崎優《まさる》さんに取材した。インドサイは肩から背中、お尻にかけて、硬くて分厚い皮がよろいのようにたれ下がり「ヨロイサイ」の別名がある。文中のキンタロウは金沢動物園にいるオス。記事を部分引用する。

動物園にいるインドサイは足の裏が割れることが多い。大型獣は足にけがをすると、立てなくなって死んでしまうこともある。

四年前、先崎さんが担当になったとき、キンタロウは両方の後肢の裏が割れ、痛々しい状態だった。ひづめが異常な伸び方をしてしまう。

「野生のインドサイは湿地帯で暮らしている。それまで金沢動物園のインドサイはコンクリートの寝室で暮らしていたけれど、柔らかくした方がいいと思った」

最初、大量のわらを入れては毎日、全量を入れ替えていたが、とても続けられない。そこで寝室の床に畳を入れた。運動場には木材チップを敷いた。

畳はサイの重さですりへるので、今はわらで埋めて厚さ四〇～五〇センチのクッションにしている。「触ってみてください」と言われ、手を入れると温かかった。

「この辺の山に入って、落ち葉や腐葉土、菌類を採ってきて入れています。自然に分解したり、発酵したりするようにしているんです。排せつで汚れた分を替えますが、ほかはそのまま。なるべく自然の循環を再現したい」。寝室は嫌な臭いもほとんどしない。

この春、運動場から寝室への入り口に残っていたコンクリも剝がし、地中に枝などを埋めて地下水路にした。環境がさらに改善し、キンタロウの足はどんどん良くなっている。

先崎優さんとインドサイ（2013年、筆者撮影）

先崎さんの来し方や野生下のサイの状況に触れた後、彼の言葉で締めくくった。

「動物にとって何がいいのか、いつも考えています。ここにいる動物たちは環境を選べない。だから僕ら飼育員が一番に考えてやらないといけない」

先崎さんもまた、動物の幸せを一番に考えていた。キンタロウは長生きし、三頭の子どもの父親にもなったが、残念ながら二二年六月、三八歳で死んだ。

†とことん愛されて幸せなマナティー

動物の幸せというとき、『動物園学ことはじめ』で中川志郎さんが強調していたように、飼育係がどのような気持ちで向き合うかということは非常に大切だと思う。

動物園を回り始めた最初のころ、担当者から「かわいい」という言葉を引き出そうとして、失敗したと書いた。しかし、失敗と言い切らないほうがいいのかもしれない。

静岡県東伊豆町の熱川バナナワニ園を訪れて書いたアマゾンマナティーに関する二回続きの記事の下を引用する。

「かわいいですよ」「とってもかわいいです」。担当の神田康次《こうじ》さんの口から何度もそんな言葉がこぼれた。

静岡県東伊豆町の「熱川バナナワニ園」。日本でたった一頭のアマゾンマナティー「じゅんと」の話をしているときだった。「性格もとてもおだやかです。ここまでかわいいのはなかなかいないんじゃないかな」

ここで四八年間暮らしているじゅんと。週に一回は全身のあかすりまでしてもらって、ずっと幸せにすごしてきたのかな。病気はしませんか?

「病気はしませんが、一度だけ、埋まってしまったことがありました」

一〇年以上前、まだ屋根のないプールにくらしていたころ、大雨が降って、裏山が崩れた。みんな、もうだめかと思った。

「ところが土砂に押されたのか、完全には埋まらず、少しだけ空いたスペースで、九死に一生を得て生きていました」

「九死に一生」というのは、ほとんど助かる見こみがないのに、ぎりぎり助かるという意味だ。大きなけがもなかった。

今年になって名前をつけたのは、もっとマナティーのことを知ってもらいたいから。

「生息地のアマゾン川の森林がこわされ、マナティーの数が減っていて、保護活動が行われています」。かわいいだけじゃなく、じゅんとは大切な役目を持ってここにいるんだ。

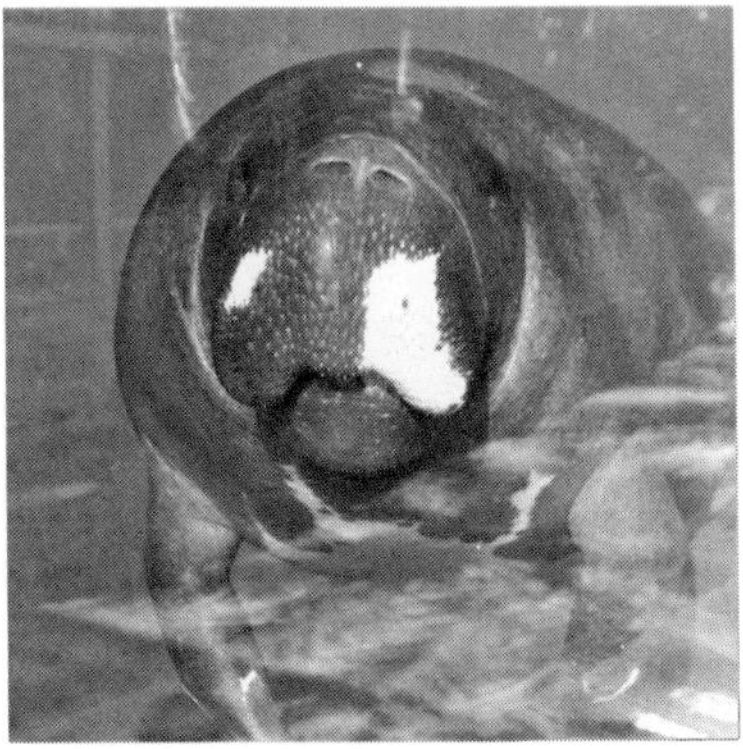
アマゾンマナティーのじゅんと(筆者撮影)

神田さんに「ここまでかわいいのはなかなかいない」とまでいわれている。体長二メートル四〇センチ、体重三〇〇キロ以上の巨体だが、週一回、全身のあかすりまでしてもらっている。神田さんの気持ちは「じゅんと」にも伝わっていると、わたしは確信する。マナティーにとって狭い水槽だとしても「うれぱみん」が出ているはずだ。

名前の「じゅんと」は、アマゾンマナティーのいるブラジルの言葉で「いっしょ」という意味だという。神田さんは「いっしょにいてくれて、うれしい気持ち、これからもずっといっしょにいたいという気持ちです」と話した。

名付けには、記事の末尾に書いた通り、生息地のことを知ってほしいという思いも込めている。名付けるという行為の意味が、さらに多重になった。

†緑に囲まれた生息環境展示はうれしい

環境エンリッチメントのうち居住空間のそれは、設計段階で広さや基本的な構造が決定されてしまうから、個々の飼育係の努力というより、その園館自体がどんな考えで取り組むかということが大きいと思う。

市川市動植物園のスマトラオランウータンの記事は「自然は再現できなくても、仕組みや本質を読みといて、動物園で与えられる形にしていく」という水品さんの言葉で締めく

シロテテナガザル（ときわ動物園、筆者撮影）

くったが、それは日本の多くの動物園に当てはまる。アフリカのサバンナや南米のアマゾンにいる動物にとっての自然状態を、日本で再現することは、ほぼ不可能だからだ。

だが「生息環境展示」という方法を採用して、自然に近い環境の再現を目指している動物園も存在する。山口県宇部市のときわ動物園がそうだった。連載の五二六回目。「オリンピック選手のよう」という見出しで、シロテテナガザルを取り上げた。

山口県宇部市のときわ動物園は、ときわ公園の中にある。宇部は昔、石炭で栄えた。だから、ときわ公園には石炭記念館もあって、記念館の高い展望台にのぼると、はるか下に動物園が見える。

木から木へ飛び移ったり、ぐるぐると鉄棒のように回ったりしている生きものがいた。豆つぶみたいに小さくても、さっき見てきたばかりだから、すぐ分かった。シロテテナガザルだ。

ときわ動物園は園全体で「生息環境展示」を進めている。狭いおりやコンクリートの地面でなく、野生の環境に近づけて生きものを飼う。だからみんな伸び伸びとくらしている。中でもシロテテナガザルのいる場所は本当に自然そのものだ。

大きな池に二つの島があり、木が生いしげっている。担当の西崎理恵さんによると、この環境を保つのが大変だそうだ。テナガザルは毎日、オリンピック選手のような運動をしているから、木にも負担がかかる。だから木を健康にするのが大切なんだ（後略）

同じテナガザルの展示でも、北海道旭川市の旭山動物園の「てながざる館」は、人工物を使って高い運動能力を発揮させ、見る人を驚かせている。

わたしが訪ねたときは「てながざる館」の向かいの高い鉄塔に、ブラキエーション（腕渡り）をして軽々と移動し、てっぺんに近い場所に設置された鉄棒に座り込み、園内中に響き渡る高い声で鳴き続けていた。

高く開放的な場所にいるテナガザルを見上げると、本当に自由に行動しているんだと、錯覚した。園内全体を見下ろす場所に陣取って、テナガザル自身も自由を満喫しているように見えた。

動物園のニホンザルは人気だが、岩でできたサル山に多頭数で暮らしているところが多い。これはどう見ればいいのか。

シロテテナガザル（旭山動物園、筆者撮影）

野生のニホンザルは岩山で暮らしているわけではない。草木の生い茂る山の中にいる。動物園のサル山は、そうした山林の機能・特性を人工物で表現し、サルたちの自然な行動を引き出しているのかといえば、そう評価するのは難しそうだ。

だからといって、土の地面に木や草を植えると、葉をむしられたり、枝を折られたりして維持が大変だという。わたしが訪れた動物園の中で、ニホンザルの飼育展示スペースの緑化が最も進んでいたのは、熊本市動植物園だった。

生息環境展示は難しい試みだと思うが、ときわ公園の動物たちや熊本市のニホンザルたちが緑に囲まれて暮らしているのを見ると、こちらも体内に「うれぱみん」が出てくる。

2　ウェルフェアの傘を広げたい

†山本茂行さんが飼育係にこだわる理由

動物園にいる動物の幸せを担うのは飼育係であること、動物の幸せのためにどんな取り組みをしているのかといったことを紹介してきた。

ここで曲がりなりにも言葉を扱う者として、飼育員と飼育係という呼び方の違いを手がかりに、その仕事の意味やメディア、社会との関わりを考えたい。

動物園取材を始めて一〇年近く、わたしはほぼ「飼育員」という言葉を使ってきた。それがおかしいのかもしれないと思い始めたのは、富山市ファミリーパークの園長を務めた山本茂行さんにこう言われたからだ。「なぜこのごろのマスコミは、飼育係という言葉を使わず、飼育員と呼ぶんだろう」

山本さんが園長を退任し、名誉園長に就いたころだから、二〇一七年ごろだったと思う。

山本さんは「飼育員」という呼び方を批判的に見ているようだった。しかし、わたしは山本さんの問いに答える問題意識も知識も持ち合わせていなかった。「さあ、どうしてなんでしょうか」と問いをそのまま返し、居酒屋でのやりとりはすぐに別の話題に移ってしまったのだが、頭から消えたわけではなかった。

あとで共同通信の記事データベースを調べると、二〇〇〇年から一〇年までは「飼育係」と「飼育員」の記事がほぼ同数、一一年からは「飼育員」が「飼育係」の四倍以上になる。二〇〇〇年代のどこかで逆転し、そこから置き換えが急速に進んだことが分かった。山本さんの見識や問題意識の深さを尊敬していたから、その後は記事で「飼育員」と書こうとすると、手が止まった。「飼育係」にすることもあったし、「担当」と言い換えて逃げることもあった。

一七年に山本さんに会ったのは、共同通信から加盟社の有料サイト向けに配信する連載エッセーをお願いするためだった。その連載は「多事想論　里で山で温泉で」というタイトルで三年続いた。テンポのいい軽妙な語り口で、日々の暮らしぶり、生き方だけでなく、ときに現代文明のありようまで問い、楽しくて深い内容だった。

最後の三回は「憂鬱」三部作になっていて、「動物園の憂鬱」「里山の憂鬱」「湯治場の憂鬱」と続いた。「動物園の憂鬱」は次のように締めくくられた。

マスコミは飼育係を「飼育員さん」と呼び変え、動物園を〝かわいさ〟の舞台のようによそおう。動物園はそのシナリオに踊らされ、現場はかき回され、依存し、漂うばかりだ。

動物園、憂鬱なり。先は、暗し。

もちろん、この文章で動物園の憂鬱（危機）はもっと多面的に語られるのだが、ここでは飼育係と飼育員というテーマに沿って、この締めくくりの文章を読みたい。

この文章を受け取ったわたしは、ようやく自分の考えていた仮説を山本さんにぶつける機会を得たと思い、早速、メールで問い合わせている。

「飼育係」を「飼育員さん」と呼ぶことで、どんな混乱が起きているのでしょうか。これは以前、富山で「なぜですか?」とうかがえなかった部分です。「教師」を「教員」と呼んで、ある種の聖職性を否定するのと同じようなことでしょうか。「飼育係」という言葉にこもる歴史性や矜持を否定するというような。

これに対する山本さんの返信は至極簡単なものだった。

「飼育員さん」は、まさに、「飼育係」という言葉にこもる歴史性や矜持を否定するものです。

本書が、引用する文章との不整合を顧みず、地の文では一貫して「飼育係」を用いてきたのは、このような経緯による。

しかし、このやりとりは「飼育員」という言葉についてであって、「飼育員さん」という呼び方には触れていない。山本さんの元の文章の重要な指摘は「飼育員さん」と呼ぶことが、動物園を〝かわいさ〟の舞台に偽装する手段になっているということだった。この点ではむしろ「さん」を付加することの問題性に目を向けなければならない。

「動物園＝かわいさの舞台」だとすれば、かわいさは、主役の動物だけでなく、準主役の飼育係にもまた、要求されるだろう。かわいい動物の世話をする者として、すくなくとも主役のかわいさを損なわず、できればそれを助長する者として登場する必要がある。

かくして、親愛を増幅するための呼称「飼育員さん」が多用されることになる。

動物園も飼育係も、社会から一定の役割や性格づけを受け入れたとき、本来あるべき姿とは縁もゆかりもないものに変質してしまうということはあり得る。

わたしにとっては「ジャーナリスト」と呼ばれることに似ている。わたしは日本のメディア企業に雇われた「記者」であって、それ以上でもそれ以下でもない。ジャーナリストという言葉に、どのような意味を与えるかは人によって違うかもしれないが、どう定義されても、わたしの自意識とはすっきり重ならない。逆に記者という呼び方なら、この仕事のいいところも、駄目なところも、限界も、自覚できるのだ。

†ヒューマンエラーは必ず起きる

飼育係が動物園でけがをしたり、亡くなったりする事故が後を絶たない。

二〇二二年一月五日、栃木県那須町の那須サファリパークで、飼育係三人がベンガルトラに襲われて重軽傷を負い、そのうちの一人は右手首を失った。動物の幸せのために奉仕する飼育係が、動物によって死傷させられる不幸な事故がなぜ続くのか。

動物園取材を始めたばかりの〇八年夏、京都市動物園で死亡事故が起きた。四〇歳の男性飼育係がおりの中を清掃中、アムールトラに襲われて死亡したのだ。本来は閉じて作業するべき寝室の扉が開いていたと報じられた。翌年、京都市動物園を訪れると、飼育課企画係長だった坂本英房《ひでふさ》さんが案内してくれた。閉園時刻が近づいたころ、坂本さんが「ちょっと待っていただけますか」といい、ゾウ舎のほうに行ってしまった。

しばらくして戻ってくると「うちは不幸な事故がありました。二度と繰り返してはいけないということで、ゾウやトラなどを移動するとき、必ずだれかが立ち合うことにしたんです」と説明してくれた。

一人が移動に関わる作業をし、もう一人は何もせずに後ろから見て、正しい行動がなされているかどうか確認する。坂本さんは「どんなに注意しても、ヒューマンエラーは必ず起きます」と自らを戒めるように話した。

一九年八月、東京・多摩動物公園の男性飼育係が死亡する事故が起きた。インドサイの飼育舎で倒れていて、左脇腹や背中に傷があり、サイに襲われたらしいと報じられた。名前を見ると、事故から五年前に東京・井の頭自然文化園で取材した人だった。

井の頭では日本の野鳥を集めた「和鳥舎」を担当していた、ガラス越しに何種類もの鳥が自由に飛びかう。記事にとどめた彼の言葉をいくつか拾っておきたい。

たとえば、野外で野鳥を見つけるコツについて。「どんな生きものにも水が必要です。鳥たちも必ず水をのみにきますから、水場に注目していると、飛んできますよ。ちょっと開けた水路のようなところで待っていれば、かなり見つけられるはずです」

ホオジロの回ではえさについて。春になると、ふだんのえさに、バッタやミルワームという虫をまぜる。「自然でも春になると虫が出てきて、それを鳥が食べるでしょう。同じようにしてやるんです」

和鳥舎の中に木を茂らせ、里山を模したようにしているのは？

「ここはいろんな種類の鳥が一緒に暮らすので、どうしても強い、弱いが出てきます。それで隠れたり、体を休めたりする場所が必要なんです」

体調を崩している鳥を放っておくと、すぐに死んでしまう。だから見つけたら早めに捕まえる。「別の部屋であたためてやると、だいたい治ります」

でも、ケージの中を飛びまわる鳥が体調を崩しているかどうか、どうやって見極めるんですか？

「よく観察します。体をふくらませて、ちょっと動きが悪いなっていうときがそうですね」

オオルリは冬に東南アジアにわたる夏鳥。日本の冬の寒さには弱い。取材したのは秋だったから「ひどく寒くなる前につかまえて、和鳥舎から別の部屋に移すつもりです」と話した。

彼の事故も一人で作業していたときに起きた。かたわらに塗り薬が落ちていた。サイの足に薬を塗ろうとしていたらしい。

†人間の安全に対して脆弱な体制

那須サファリの事故で「おやっ」と思ったのは、けがをした三人が全員二〇代だったことだ。最初にトラと鉢合わせした女性は肉食獣担当で二六歳、駆け付けて手首を失った女性は「ふれあい広場」担当で二二歳、同じく助けようとした男性は大型動物担当で二四歳。飼育係としてのキャリアは順に四年目、二年目、四年目だった。

那須サファリでは九七年、女性飼育係二人がライオンにかまれ重傷を負ったが、二人の年齢は一九歳と二一歳だった。その三年後にも、二一歳の男性飼育係がライオンに襲われ、大けがをした。若い人ばかりが被害に遭っている。取材した宇都宮支局の記者に聞くと、飼育スタッフは一八人。多くが二〇代だという。

取材を重ねるうちに知ったことだが、動物園で働く人は、とにかく生きものに関わる仕事をしたいという「生きもの好き」が多い。経歴を聞くと、大学の生物系・畜産系・水産系・獣医師養成系を出たり、飼育を学ぶ専門学校を卒業したりしている。

生きものが好きで学校の関係コースに進んだ人の相当数が、動物園や水族館への就職を目指す。しかし求人は非常に少ない。現ズーラシア園長でJAZA会長の村田浩一さんは『動物園学入門』のコラムで「動物園就職の競争倍率は、一〇〇倍を超えることが稀ではない」と書いている。圧倒的に雇用側優位の「買い手市場」である。それは〝やりがい搾取〟と呼ばれるような職場環境につながる。

事故当時の那須サファリのホームページで「採用情報」を見ると「動物飼育員　正社員・契約社員／採用人数　若干名／給与一七万円〜」などとあった。

採用されたら住まいを確保する必要がある。「住宅手当（一万五〇〇〇円）」という記載もあるが、それではとても賄《まかな》えないだろう。月給一七万円から税金や社会保険料も引かれる。交通費支給とは書いていない。便利な場所ではないから、通勤の車の購入費、燃料費、維持費も支出することになる。

「勤務時間」の記載から時給を計算すると、九二四円。二一年度の栃木県の最低賃金八八二円をかろうじて上回る程度だ。

これが那須サファリだけの問題ではないことは、付言しておかなければならない。コストカットを狙って公営の園館にも、管理運営を委託する指定管理者制度が広がる。しわ寄せは人件費の削減となって働く人に及ぶ。非正規雇用が増え、若者が使い捨てのようにされている。毎年春になると、夢を諦めて去っていく人たちのことを聞く。

図書館や博物館にも同じ状況がある。教育現場でさえ非正規雇用が多くなっている。

那須サファリの飼育係の人数は適正だろうか。

動物飼育には休みはないから、毎日ほぼ同じ人数が稼働する必要がある。飼育係一八人が週休二日で働くと、一日当たりの稼働は一二〜一三人になる。休暇や病欠も考えると、これより少ない人数でやりくりしければならない。

飼育動物の種数は約七〇種、七〇〇頭羽とされている。一二人で割り算すると、飼育係一人が一日に担当する動物は平均約六種、六〇個体となる。これら多数の動物たちに対して、種ごとに（場合によっては個体ごとに）異なる餌を用意して給餌し、飼育舎と運動場を掃除しなければならない。動物に変化や異常がないかどうか、よく観察して記録を残し、異常があるなら獣医師らと対応する必要がある。

経験の浅い飼育係が六〇個体もの面倒を見る目まぐるしい作業の中で、これらの作業をぬかりなくこなすことは可能だろうか。

京都市動物園のところで述べたように、人為ミスへの決定的な対策は、二人体制を取ることとされている。しかし、実行するには重い人的コストが立ちはだかる。那須サファリには危険性の高い動物として、トラやライオンだけでなく、ゾウやサイもいるようだ。これらすべてに二人で対応するなら、とても一二人では足りないのではないか。

人間の安全に対して、脆弱《ぜいじゃく》な体制というほかない。那須サファリはしかし、事故から四週間足らずの二二年一月二八日、再発防止策が整ったとして再開園した。

†下村幸治さんが説く幸せな動物園

飼育係が担当動物の幸せを考え、「うれぱみん(環境エンリッチメント)」を創意工夫していくには、学びもゆとりも必要だ。

飼育係の学びの場として、まず目の前の生きものとの日々の関わりがあるだろう。そこが出発点であり、学びを実践する終着点でもある。それゆえ、できる限り生きものに接近せよ、それが中川志郎さんが強調していたことだと思う。

次には周囲の先輩や同僚から経験を聞くこと。実地で心構えや技術を教えてもらう必要がある。さらに他園の取り組みも、できれば訪問して調べ、関連する書物や映像資料にも目を通したい。可能なら野生下の状態も見に行きたい。

そのためにはお金も時間も必要だ。動物園水族館のそれぞれの現場で、それは保障されているのだろうか。薄給で長時間の労働を強いているとすれば、その人が自分を向上させる喜びと、それを通じて生きものを幸せにする喜びの両方を奪っている。もし、飼育係が幸せでないなら、担当する動物の幸せなど望むべくもないのではないか。

その意味で、動物園動物のウェルフェアは、飼育係自身のウェルフェアに依存している。搾取された不幸な飼育係に、対象動物を幸せにしなさいと求めるのは、ブラックユーモアでしかない。

アニマルウェルフェアというとき、人間も動物には違いないのだから、対象として動物園で働く人も含めるべきではないか。遅まきながらそう考え始めたころ、飼育係自身の言葉として、それを聞くことになった。

二二年三月七日と八日、オンラインで開かれた第三〇回日本飼育技術学会に参加した。大会テーマはそのものズバリ、「飼育技術とは何か」。

飼育技術を磨くための姿勢や方法、技術継承のあり方、個別の動物へのエンリッチメントの取り組みといった多岐にわたる講演が続き、二日目午後、そろそろ閉幕が近づいたころに登壇したのが、大阪・天王寺動物園の下村幸治《こうじ》さんだった。

「飼育管理の人材育成〜ふれあい担当班運営を例に」というタイトルから、指導的立場にある人が後進の育成について語るのだろうと予想した。ところが冒頭で触れたのは事故のことだった。

「昨日、安全管理の話がありました。そのとき、どうしても職員に矛先が向く。若い人とか立場の弱い人に矛先が向いて、結局また数年後に事故が起きる。そもそも環境整備をしなくてはいけないんではないでしょうか」

それに続き自己紹介。大会ではそれまでに、動物園界でカリスマ的存在とされる人も講演していたが、下村さんは「私はサラリーマン的な飼育員です。でもそういった平凡な飼育員でもできることはあるので、平凡な飼育員としてお話しします」と前置きした。

一九九八年に大阪市に就職、下水道局機械整備課に。庁内公募で天王寺動物園を希望し、二〇一〇年に配属された。「小さい頃から飼育員をやりたいという夢を持っていたわけではありません。動物園はレジャー施設と思って利用していた普通のおじさんが（機械相手ではなく）やっぱりちょっと市民と触れ合う機会が欲しいなということで希望しました。なので、ど素人からのスタートです」

一〇年から一一年までサルを担当した。「本当に素人なので、そのとき、わたしに担当されたサルたちには本当に申し訳ない。何もできませんでした」

一一年からホッキョクグマの担当になる。「ホッキョクグマの繁殖プロジェクトの会議があって、日本全国の担当者と出会った。皆さんの目がすごく真剣で『あれっ、ちょっと間違ってた』と感じました。それまでは、お役所感覚で飼育の仕事をしていた。本気で取り組んでいる人たちに衝撃を受けて、ちょっと勉強しないといけないと。やっとスイッチが入ったという感じです」

そして一四年にホッキョクグマの赤ちゃんを誕生させる。天王寺での繁殖・成育の成功は一九九八年以来だった。この経験に基づいて下村さんが強調したことは、わたしの仕事とも重なり、また一般の企業・組織にとっても重要なことであると思うので記しておく。

それは記録と情報共有の大切さだった。そして、記録が残されていない場合には、経験者に聞きに行くことだった。もしかしたら、記録があっても直接聞きに行くことは大切だという趣旨だったかもしれない。

「たとえ失敗に終わったケースでも記録を残す」という言葉も印象に残った。失敗を記録するというのは心理的なハードルが高い。しかし、失敗を記録することで反省し、考える。失敗の記録を引き継ぐことは、再挑戦の足場にもなる。

ふれあい担当としての経験も興味深かったが、そろそろ下村さんが冒頭に語った「安全管理」や「条件整備」という言葉に対応する内容に移らなければならない。

下村さんは講演の終わり近くで、動物園の飼育の体制として、主担当者と代番による「本番代番制」と、数人でチームを組んで担当する「チーム制」を比較した。前者は多くの動物園で主流だが、むしろチーム制に利点があると見ているようだった。

チーム制は情報共有や技術継承がしやすく、作業が均等になって、動物の反応も偏らない。つまり誰が世話をするかによって、動物の幸せが左右されにくいと総括した。動物本位の視点から評価していることが、素晴らしいと思った。

そしてテーマは技術継承に絞り込まれていく。

「技術継承がうまくいかない場合、育成側の育成方法、引き継ぎ方法に問題があると考えることが大切です。動物のトレーニングと一緒です。上司や先輩がトレーナーのつもりで人材育成を目指してほしい」

要するに、技術継承の失敗を、継承される側（若い世代）のせいにするなということだ。その方法にも言及しているが、スキップする。

「深刻なのは、給料面にも人材育成面にも課題がある職場は、若い人の離職率が高くなり、技術継承ができなくなるということです。アルバイトや嘱託職員などで人材を確保している職場も同様です。飼育技術の継承について話し合える土台作りさえできていないところもあるのではないでしょうか」

そしてこう締め括った。

「皆さんそれぞれの職場がどういう状況なのか分かりませんが、もしこういった状況になっているとしたら、若い人たちの意見を聞くということが大切なのかなと思います。飼育技術の向上や継承は、動物だけでなく職員の福祉も保障する必要があると思います。もっと簡単に言うと、動物も働く職員も、みんなが幸せになるような環境を目指しましょう」

動物も働く職員も幸せな動物園に――。

「サラリーマン的な飼育員」「平凡な飼育員」という自己規定にもかかわらず、実に的確に問題のありかを探り当て、現場における第一歩を示していると感じた。いや、平凡な飼育係の視点を徹底しているからこそ、見えることなのかもしれない。

やや古いが、国木田独歩の小説『非凡なる凡人』の主人公、桂正作を思い出した。

✝生きものと人のウェルフェアを定義に

動物園を成立させているのは、飼育動物と職員だけではない。動物園の定義は、野生動物を「収集・飼育・展示する施設」である。そうだとすれば、動物園は展示という情報を受け取る人（来園者）がいて初めて成立し、完結する。

動物園水族館の人々にとっての新型コロナウイルスの過酷さは、閉園に追い込まれたことで、この発信過程が奪われたことが大きかったと思う。それなのに、ＪＡＺＡが掲げる四つの役割は、来園者の存在を十分意識していないようにみえる。

種の保存と調査・研究には、来園者は不在であるか、不要である。もちろん研究の結果が展示に反映されることもあるかもしれないが、間接的な目標にとどまる。教育活動には来園者がいるが、その中心は子どもである。そして、来園者はあくまでも教育される対象であり、主体ではないことは強調されなければならない。

これに対し、レクリエーションだけは来園者中心の視点となる。レクリエーションについては、動物園取材を始めたころに出会った東動協理事長、浅倉義信さんが「外せない」と話していた（第二章3）。石田戢さんも『日本の動物観』で「もっとも重視されるべきは、レクリエーションへの寄与」と述べている。

中川志郎さんの『動物園学ことはじめ』の「動物園の役割」に戻りたい。中川さんは「教育」など四つの役割を分説するが、それより前に総説的な記述があり、「自然へのノスタルジア」を動物園の存在理由として強調する。動物園利用者が「増加の一途を辿《たど》っている」ことを示し、その理由を探る部分だ。

……私は、その根源を、人間が生物としてもっている自然へのノスタルジアに見たいと思う。文化生活というものが、必然の帰結として、物理的、メカニカルになればなるほど、人間は生物本来の姿から離れ、しかも、生物であることからのがれることができない。このジレンマを埋めることが人間には必要だ。それを求めている。（中略）身近な自然を求める。自然へのノスタルジアを充たしてくれるものを求める。それが動物園という形であり、水族館という形なのだ、と私は思う。（中略）動物園や水族館を訪れた人々が、そこに生きる生き物を通じて、生物としての人間への自覚をとりもどす機会を得るのである。

動物園水族館は、人間が「生物としての自覚」を取り戻す場。この考えは「レクリエーション」の説明でも再論される。中川さんは「慰楽」に加えて、レクリエーションには「もうひとつの意味」があるとして、次のように述べる。

……字義の如くRe（再び）、create（創造する）、即ちつくり直す、改造する、ということである。何をつくり直すか。それは、我々人間、我々自身を、という意味である。……あまりにもメカニカルな都会の生活につかれた時、動物園を訪れてみよう。あなたはきっと、そこでいい知れぬ一種の安らぎを感じるに違いない。それは原始の時代からつづいてきた人間と動物の関係――同じ空間を共に生きている、という実感を感じとるからである。

中川さんは来園者に対して、特別な学習態度で臨むよう要求していない。ただ、その空間にひたり、感じてほしいと言っている。人間も生きもの一種であり、自分も生きものなんだと実感し、自然へのノスタルジアが充たされる。動物園はそういう場所だと。

わたしも実感している。動物園の動物たちがみじめな姿でない限り、動物園は安らぎや楽しさを与えてくれる。それは来園者にとってのウェルフェアだ。

こうして動物園のアニマルウェルフェアは、動物ばかりか動物園職員と動物園を訪れる人にまで傘を広げることになる。そして、これこそが定義にまで高められるべき要素ではないか。急いで動物園の定義を書き換えたい。

「動物園は、生きものと人の幸せを大切にしつつ、生きものを収集・飼育・展示する施設である」

第二章2で動物園とメディアの相似性として、公共性と商業性の相克について述べ、しかし、動物園は生きものを対象としている点でメディアとは根本的に異なっていると述べた。こうして定義にまで書き込むことができれば、その差異は公共性と商業性の矛盾を克服する道を開くことが分かる。

ひるがえって、このことはメディアのあり方にも大きなヒントを与えていると思う。

3　消えていいのか「命の博物館」

†巡回シンポで訴えた危機とは

二〇一三年二月から一五年二月にかけて、日本動物園水族館協会（ＪＡＺＡ）は六回にわたり、各地を巡回するシンポジウムを開いた。六回を通じたタイトルは「いのちの博物館の実現に向けて―消えていいのか、日本の動物園・水族館―」。

副題の「消えていいのか」という修辞疑問が強い危機感を伝える。

連続シンポのスタート当時のＪＡＺＡ会長は、富山市ファミリーパークの園長だった山本茂行さんである。組織としての取り組みであっても、山本さん個人の先見性が牽引していたと思う。

この連続シンポの第四回までは山本会長の下で行われ、五、六回目は後任に引き継がれたが、ＪＡＺＡはその後、直面する課題を外部に向けて発信・共有する動きを見せていないようだ。では、日本の動物園水族館の危機は去ったのかといえば、危機は去るどころか、いっそう深まっているように思う。

シンポの内容を見たい。ＪＡＺＡがまとめた「開催報告集」に依拠する。

わきにそれるが、報告集の発行年月日を見ると、連続シンポ終了から三年もたった一八年三月三一日である。非売品で手に取る方法も限られる。関係者以外には、存在すら知られていないのではないか。ＪＡＺＡの発信力に大きな疑問符が付く。

シンポの第一回は東大農学部の弥生講堂一条ホールで開かれ、二八六人が参加した。その一人はわたしである。危機の内容については、後半のパネル討論のコーディネーターを務めた東大教授、木下直之さんの整理が分かりやすい。ここまで何度か引用してきた『動物園巡礼』の著者である。

危機のひとつは動物園水族館の経営基盤にある。「公立施設であることによる財政難と行政サービスの限界という問題を抱えている」と指摘した。ＪＡＺＡ加盟の動物園を見ると、公立が四分の三を占め、戦後の一九五〇年代に建設ラッシュがあったけれど、それらがいま終焉に向かっている。

野生生物保全が動物園水族館の大きな課題になっているが、そのグローバルな課題に対して、地方自治体が設立母体であることのギャップも強調した。確かに、世界規模の課題に市立の動物園が税を投入して貢献しようとしても、市民が賛成するかどうか。市税は市民のために使ってほしいというのがふつうだろう。

木下さんが次に挙げたのは、飼育展示する動物が減っていくこと。動物園の定義に即していえば、最初にあるはずの「収集」という営為が成立しなくなりつつあるのだ。

この点はパネル討論に先立って、ＪＡＺＡの生物多様性委員長が、日本におけるニシゴリラやラッコ、アフリカゾウなどの飼育頭数が近い将来、激減するという予測を示した。背景には野生動物保護の流れがある。足りないからといって、海外から簡単に導入することができなくなっているのだ。動物園の基本要素である動物がいなくなるなら、他の条件をどれほど充実させようと、動物園として存在できない。

このときの木下さんの指摘に補足すれば、この二年後の一五年、イルカの収集をめぐって世界動物園水族館協会（WAZA）から、JAZAが会員資格を一次停止された。解除してもらうために、JAZAは加盟の園館に対し、問題とされた「イルカ追い込み漁」で捕らえたイルカの入手を禁じたが、その結果、水族館の一部がJAZAから離脱した。離脱した園館を中心に二〇一九年、日本水族館協会が設立されている。

国際的な動物福祉の流れが、日本の水族館の収集方法にノーを突き付けた形だが、飼育や展示についても、同じことは今後、起こり得る。米国では二〇一七年、サンディエゴのシーワールドがシャチのショーを打ち切った。

たとえば、ゾウは群れで暮らす動物だから、単独やオスメスのペアだけで飼うことは許されない。いま一頭か二頭だけで飼育している動物園は、それらの個体が死んだらゾウの飼育は諦めるか、現状よりはるかに広い土地と屋内施設を用意しなければならない。

イルカ漁については、現場を徹底的に取材し、文献も広く渉猟した伴野準一さんの労作『イルカ漁は残酷か』を参照されたい。東西の歴史を知り、問題の本質を深く考えることができる。

シンポジウムで木下さんは、社会における「存在意義」の希薄さも指摘した。

「動物園・水族館というものの社会的な地位、存在意義の認識がまだまだ不安定なのではないかと思います。教育施設なのか、娯楽施設なのかという問題もありますし、博物館のひとつだということも一般には必ずしも認識されていません」

そこから木下さんは「動物園水族館がそもそも何のための施設なのか」と問いかけ、存在意義を明確にするためにも、動物園水族館法という法律が必要なのではないかという声があると紹介した。

†自然を生かし人と人をつなげる拠点に

木下さんの問題提起に解を示すことは、とてもできないが、取材で出会った人の考え方や取り組みの中には、未来を切り開く可能性を感じたものが少なくなかった。そのいくつかはすでに別のテーマに関連して記述したが、それ以外の人や取り組みを点描したい。

まず、ここまで何度も登場してもらった富山市ファミリーパークの元園長、山本茂行さん。初めてゆっくり話をうかがったのは二〇一一年夏で、人物メインの連載「生きものと生きる」を書くためだった。東日本大震災で被災した園館の救援のために、ＪＡＺＡが大活躍したときでもある。

一四年にも「岐路から未来へ」と題する通年連載の一回を書くために取材した。同年五月にJAZAの会長を退いたばかりというタイミングだったから、山本さんの意識の底には、日本の動物園水族館に対する危機感が強く流れているようだった。

園の「とんぼの沢」に立ってもらい写真撮影した。水たまりをのぞくと、数え切れないほどのオタマジャクシがいる。その上を飛び交うのはシオカラトンボ。ココココというモリアオガエルの声も聞こえた。懐かしい里山の光景そのものだった。

そこから少し行くと「ホタルのおやど」と呼ぶエリアがあった。

「ここは初夏にホタルのトンネルになります。観察会を開くと、四日間で二万人の市民が見に来ます」と山本さん。「ここが里山再生に向かう原点になった」

ファミリーパークは「人も森も元気になる新しい里山づくり」を掲げる。動物園が里山づくりを目指すなんて、ほかに聞いたことがない。

山本さんは一九五〇年、富山県高岡市生まれ。根っからのアウトドア派で小学校高学年のころから河原で一人でキャンプをした。「怖いんだけど、星空が美しい。朝日が昇るときは感動でした」

大学を中退、生きものの研究をしながら放浪して生きようと思っていたとき、金沢市の民間動物園を訪れる。施設は劣悪、動物の説明も満足に書いていない。「飼っている意味がない」と直談判したら「だったら君がやってみればいい」と言われた。

働きながら学んだ。動物園にも哲学が必要だという思いを強くしていたとき、富山市の動物園計画を知る。あるべき姿をまとめた論文を市に送ったのがきっかけで、ファミリーパークの建設段階から関わることになった。

一九八四年の開園当初は、園内の自然には手を付けない方針だった。「とんぼの沢」には絶滅危惧種、ホクリクサンショウウオもいた。だが、放っておいたら、ヨシが生えて湿地でなくなっていく。もとは田んぼで、人の手で維持していた場所だったのだ。

そこで秋になると、地域の人たちも一緒になって、長靴をはきバケツを持って、泥だらけになって湿地の維持作業をするようになった。

二〇〇四年、各地でクマが出没、被害が相次いだ。それが次の転機になった。「里山の崩壊がクマの出没につながる。園内の里山ごっこを脱し、地域の課題に取り組まなくてはいけないと思った」。園が位置する呉羽《くれは》丘陵に人を呼び込み、地域で里山づくりを進めるNPOをつくった。呉羽丘陵全体を利用した「市民里山ウォーク」も展開している。

日本の動物園の多くは、世界の珍しい動物を集めて展示する西欧型を模倣した。「楽しいから来てねとアピールし、それ以上の活動内容も、まずいことも十分伝えてこなかった」と山本さんは言う。それが「消えていいのか」というシンポジウムにつながった。

動物の命を感じ、人の心を豊かにし、生きる力を育む場。そして自然を生かし、人と人をつなげる拠点になる。それが山本さんの理想だ。ファミリーパークで入園者を迎えるのは、世界の珍獣ではなく、日本に昔からいるタヌキやサル、カモシカ、日本鶏や在来馬たちだ。「日本型動物園」と名付けるが、先行モデルはない。

こうした構想の根底に、山本さんは「生物多様性保全」を置く。

「生物多様性保全には、希少種の保護や繁殖にとどまらず、自分たち人間が生きのびることも含まれる。人が生きていくには多様な生きものの存在が必要です。生きものから元気をもらわなければならない。動物園水族館はそういう場です」

山本さんのいう「生きものから元気をもらう場」は、中川志郎さんが『動物園学ことはじめ』でいう「生物としての自覚を取りもどす機会」や「自然へのノスタルジアを充たす場」にも通じているように思う。

山本さんには、もともと動物園を否定する意識が強いということは、すでに書いた（第二章2）。しかし、動物と動物園のことを熱っぽく語る山本さんを見て、つい聞きたくなった。

「ほんとは動物園が天職だったんじゃないですか」

正直な答えが返ってきた。
「この動物園が嫌いかと聞かれたら、これだったらありかな」

✝市民が望んだ緑と生きものの公園

北九州市の「到津《いとうづ》の森公園」は、いったん閉園した民間経営の動物園が、市民の意思で生まれ変わった市立動物園である。二〇一六年五月、園長の岩野俊郎《としろう》さんに話を聞いた。旭山動物園を立て直した小菅正夫さんとの共著『戦う動物園』があり、猛獣処分のところで触れた「国立動物園をつくる会」の中心メンバーでもある。

一九七三年に動物園と遊園地を併設した西鉄経営の「到津遊園」に入り、九七年に園長となる。だが、それから間もなく、西鉄は閉園を決める。累積赤字が膨らみ、私企業としては維持できないという判断だった。

存続を求める市民の強い要望があり、『戦う動物園』によれば、九八年六月までに北九州市のすべての町内会、婦人会、老人クラブ、幼稚園などが存続運動に参加した。秋には市が西鉄から譲り受けて存続させることが決まったが、どんな動物園にするか、ハード面（施設）は固まっても、ソフト（運営体制）は決まらなかった。そのような状態で二〇〇〇年五月、到津遊園が閉園する。

閉園の日から岩野さんは、動物を外に送る仕事に集中した。西鉄から市が譲り受けるのに際して、動物の種も数も半減させることになっていたからだ。それから一六年後、わたしのインタビューに岩野さんはこう振り返った。

「僕は到津遊園を閉園する立場の人間でした。古いタイプの動物園を維持してきたので、再開にはかかわらないほうがいいと思っていた。古いタイプというのは、狭い場所に多くの動物を収集・展示してきたということです」

しかし、再開園が迫る中、園長就任を打診される。リニューアルの計画段階で意見を聞かれることもなかったから不満もあったが、受けた。経営形態や名称の変更があったにもかかわらず、園長は岩野さんのまま。外から見れば「到津」の一貫性を体現する存在になった。

引き受けることになって計画を見ると、当時、先進的と評された横浜のズーラシアに似ていた。「でも、面積は四分の一から五分の一、しかも市民がほしいという動物を残したわけですから、すごくポピュラーな動物しか残っていない。ズーラシアのように希少種もいないので、単なるミニチュアになりかねない」

岩野さんは前身の到津遊園について、こう反省していた。

「動物園というのは、希少生物をたくさん見せるところだと考えていた。でも到津遊園がつぶれた時点で、それを駄目だといわれたような気がしたんです。社会は違った方向に進んでいるんだと自分の身で感じた。つぶしてしまったわけですから」

「つぶれた」でなく、能動態の「つぶした」という表現に痛切な思いがこもる。岩野さんの話は続く。

「それで新しい動物園をつくるというとき、まだ動物を見せるという意識なんだなと思った。そうじゃなくて、市民が残してほしいと思ったのは、ここにある緑と動物だったはずだ。その緑と動物の組み合わせをどうすればいいのか。どうやれば、市民が残して良かったと思えるようなものになるのか。それが自分のテーマになりました」

取材に来たある女性記者の言葉が胸に残っているという。

「自分はあまり動物園が好きじゃないけど、これだけ緑が多い。それだけでもメリットがあるんじゃないですか、ベンチに座って本を読む公園というだけでもいいんじゃないですかって言われたんです」

しかし、もうハードはできてしまっている。どう動いたのか。

「まず動物がいる場所をコンクリートでなく土にしました。自然界の動物はコンクリでは暮らしていない。土にすると、衛生管理が難しくなるといわれる。スタッフにも反対された。でも土には、糞を分解する力がある。だからこの動物園、臭わないでしょ」

子ども向けの施設からの脱却も目指した。

「大人はどんなところに行くか。自然を求めて山や川に、人工的に作られた寺の庭にも行く。感性をくすぐるものがあるからです。砂しかないのに川が流れている感覚、そういう庭園的なものをとり入れた」

園内を歩くと、ミーアキャットの背後にシマウマが見える。レッサーパンダを見ようとすると、アナグマが視界に入る。順路の表示はない。「自由に歩いて」ということだろうか。

「ふつう動物園は何でもすっと見えちゃう。ところが庭園の踏み石は千鳥に置かれ、一歩進むごとに違う景色が見える。到津も、ある所からは見えない、回り込むと見えるといったつくりにしています」

そのために豊かな緑がうまく使われていた。

ここで働く人、特に飼育係のことはどう考えているのだろう。

「手間をかけて飼育し、この空間を作っているのは彼らです。いろんなことを考え、努力していると知ってほしい。けれど狭いおりの中にいるサルの前で立派な話をしても、結局『あなたはこういうふうに飼っているんでしょ』っていわれます。すごくいい環境で飼って、どんな人だろうと思わせなきゃ駄目です。動物を知らない人でも、ここの動物は幸せだねと思わせるぐらいのものがないと」

岩野さんの口からも「動物の幸せ」という言葉が出た。それは市民の幸せや飼育係の幸せともつながっているようだ。インタビュー記事のタイトルは「動物も人も幸せな空間を」とした。

†クラゲで巨大水族館に対抗する

山形県鶴岡市の市立加茂水族館のレストランで、館長の村上龍男さんに向き合ったのは二〇一〇年の年明けだった。加茂水族館はすでに自他共に認める「世界一のクラゲ水族館」に駆け上がっていた。インタビュー場所となったレストランの名前も「クラゲレストラン」であり、クラゲを食材にしたメニューが並んでいた。

クラゲを目玉にした水族館を目指したのは一九九七年、村上さんの表現を借りれば「どん底」の年だった。入場者がピークの年の半分以下、九万人まで減り、何をやっても良くならない。当時は民間経営で、何度も「倒産」という言葉が頭をよぎったという。

「とにかく何かやらなきゃと、サンゴを展示したら水槽にクラゲが出てきた。それを育てて展示してみたらお客さんが喜ぶ。クラゲで何とかなるんじゃないかと思った」

水族館の命運をクラゲに賭けた。判断の正しさは、その後の歩みが実証している。とはいえ、クラゲの飼育・展示はとても難しい。だからこそ、それを売りにする水族館がなかったのだ。その苦難克服の物語も、村上さん自身の人生航路も、実に興味深いのだが、本章のテーマに即して、水族館経営に絞って紹介したい。

加茂水族館は小さな水族館だ。九〇年代、どん底まで落ち込んだのは、東北各地にできた公立の巨大水族館に客を奪われたのが大きな理由だった。

村山さんは一九六六年に当時、第三セクターの経営だった加茂水族館に入り、民間の経営になった六七年、二七歳の若さで館長となった。二〇〇二年に市に移管されるまで、ずっと民間の経営者として苦労してきた。その目から公立水族館はどう見えるのか。

「県や市が採算を度外視して税金で大きな館をつくり、莫大な補助金で運営するやり方には反対です。それで民間の経営を圧迫するというのはあってはならないことだと思う。民間は借金を背負い、金利や税金を払ってやっています。公立でも採算を考え、民間と同じような形で利益を出していく。それでこそ価値があるのではないですか」

規模の大きさを求めないとしたら、どのような行き方があるのだろう。

「地方の水族館は、その地方に合った規模で、ほかにやっていないもの、その土地ならではのものを展開していく。よそでいろんなものを見てきても、じゃあ、そこ面白そうだからいってみようかと思わせる。それが、みそなんです」

「巨大な水族館を見ると、ここに帰ってくるのが嫌になるほど素晴らしいですよ。だけどもやり方を変えて、工夫して、向こうを見終わって出て行くときと、ここを見終わって出て行くときと、どっちが喜んでいるか、また来たいと思っているか。これは勝負できると、みんなそう思って一生懸命やっています」

クラゲに賭けようと決めると、有利な点がいくつもあった。

立地が観光ルートから外れていて、嘆いたこともあったが、すぐ近くに港がある。波が静かなら水族館の持っている船で海に出て、一日に二回でも三回でもクラゲや魚を捕ってくることができる。

「山の向こうは何十キロも続く砂丘です。あれは濾過槽《ろかそう》と同じです。濾過槽はちょっとしたものでも年間何十万円も維持費がかかる。砂丘は海水が砂に浸透して浄化されてかえってくる。だからこの辺は水質が大変にいい。クラゲに最高にいい」

〇二年に市に移管してから、話を聞いた一〇年までに計六〇〇〇万円を市に寄付した。インタビューの場所となったクラゲレストランの工事費も自前。「設備は老朽化しているので、補修にも金がかかりますが、市からは一円ももらっていません」

ところが市は何かにつけて規制しようとする。将来、世界一のクラゲ展示をやると決めて、その展示スペースを作る工事をしようとしたら「待った」がかかった。理事会を開いて許可を得て、入札しなければやってはならないという。職を賭して抵抗した。

「何を言っているんだと。世界一の展示をやるために自分たちがどれだけ努力してきたか。七、八年かけてレベルを上げて、みんなで一生懸命稼いで資金がある。いま打って出ようとしているんだ。褒められこそすれ、止められる筋合いはない。けんかになってさ、向こうも条例という建前がある。そこに違反しているわけだ。大きい声出せば、もっと大きい声出して」

村上さんがだんだん庄内弁になっていく。わたしが「温和に見えますけど、やるときはやりますね」と言うと、大きくうなずいた。

「んだんだんだ。それでも結局向こうはそういう制度だからやめろと、それしか言わなくなって。そうか、じゃあ分かった、やめる。おれはみんなを鼓舞して、ほんとに一生懸命働いて、自己資金もできた。それでやろうとした。努力しなきゃ良かった。そう言って部屋を出て行って、辞表出した」

辞表を出してどうしたんですか？

「うちにいだわけです。二日ぐらいですよ。上司が来て、まだやってくれというので」

工事はどうなったんですか？

「一年延びたんです。二〇〇四年にやろうとしたが、〇五年になった。だけど結果的にはのう、その一年間にまた非常にレベルが上がったんです。だからいい展示ができたので、結果的には延びたのも悪くなかったと思うけれども、あのとき役所の言う通り、はいはいって、条例に従いますってやってたら、今の状況はありません」

村上さんはおそらく日本で最も長く館長職にあった人だが、一五年に退き、一九年に名誉館長になった。

†魚歴書に通信魚……べらぼうに面白い展示説明

「ユニークだよ」「面白いよ」という評判を聞いていた愛知県蒲郡《がまごおり》市の竹島水族館。二一年四月に訪れると、窓口に入館待ちの人が並んでいた。新型コロナウイルス対策のために入館者数が制限されていたとはいえ、人気を実感した。

水族館としては小規模で、ふつうに回ったら一時間もかからず出てきてしまいそうだったのに、四時間も滞在してしまった。インタビューは翌日の予定だったし、展示されている生物に見入ってしまったとか、撮影に苦労したとかいうことではない。館内の至る所に掲示されている手書きの文字を読みふけってしまったのだ。

論より証拠、「生きもの大好き」の第六七九回を引用する。

愛知県蒲郡市の竹島水族館はいろんなやり方で生きものを説明している。

　スタッフがその魚になりきり、好きなえさや水族館への希望を書く「魚歴書」。学校でもらう通知表のように、小林龍二《りゅうじ》館長が成績をつけ、コメントする「通信魚」。

　植物のようだけど実は動物、サンゴの通信魚を読んだ。国語の欄は「日本語や英語は苦手のようですが、サン語が話せますね。でも先生は何を言っているのかぜんぜん聞きとれません」。思わず笑ってしまう。

　算数は「3と5の数字の計算が得意ですね!!　最近はかけ算の3×5＝15が覚えられました。この調子でがんばりましょう」。また笑ってしまう。

　でも社会で笑えなくなる。「自分の身にふりかかる環境問題、水質や温暖化問題にすごく関心をもって取りくんでいます」。サンゴは海水温が上がると死んでしまうと聞いたことがある。

　最後に「担任（たんにん）の館長さんより」と赤字でコメントが書かれている。

「環境が悪くなり、お友達が減っている中でもがんばっています」

　副館長の戸《と》館真人《だてまさと》さんはこう話す。

「水族館で生きものを見ても、たとえばサンゴなら「きれいだなあ」で終わってしまう。でもそこからちょっと考えたり、興味を持って調べたりしてほしい。そう思って魚歴書や通信魚を作っています」

竹島水族館の目玉は深海生物で、展示種類数は日本最多だ。なかでもタカアシガニは館のシンボル的生物で、「さわりんぷーる」では本物に触ることができる。「さわりん」は蒲郡地方の言葉で「さわってごらん」という意味だ。タカアシガニの魚歴書も紹介する。

住所は「深海1番町砂底通り暗がり屋敷2丁目」、好きな餌「イカを食うとなんだか元気が出ます」、どんな水槽でくらしたいですかという問いには「水の温度は13度がいいです。塩分はちょっと濃いめのしょっぱさで。水圧？　あ、それはなくても元気にくらせますよ」。読んでいると、飼育の仕方まで分かってくる。

もうひとつ、ジーベンロックナガクビガメの「魚歴書」にも笑った。ニューギニア南部の河川や沼に生息する完全水生のカメだ。見ると、驚くほど首が長い。それをくねくねさせながら泳いでいる。

「お客さんへの希望」の欄に「また遊びに来てください!!　首を長～くして待ってます」。

どうしてこんな楽しい説明になったのだろう。いきさつは小林館長による『驚愕！　竹島水族館ドタバタ復活記』に詳しい。

たくさんの施設を訪問すると、いつも二周目に「ややや?」と気付くことがありました。楽しそうに見ているお客さんのほとんどが、水槽の横に掲示してある「解説」を読んでいないのです（中略）

「解説を読まないなんて、お客さんはもったいないことをしている!」と思っていましたが、逆に「こんなに読まれない解説を掲示している水族館はもったいないことをしている!」と思い直しました。

なぜ読まれないのか。ありがちな架空の展示解説を示して、ことの本質に迫る。

「この赤い魚と、この赤っぽい魚の違いは、こちらの赤い魚は背中のヒレのトゲが長く、この赤っぽい魚の背中のトゲは長くないところで見分けられます。よーく見て見分けてみましょう!　ところで赤っぽい魚のほうは自然界では数が減っており、自然は大切ですからみんなで守りましょう!」

というような解説（実際にはもっとこれより難しく硬い表現で記されている）を飼育員Aは作り、満足し水槽の横に掲示します。（中略）しかし、それを読んで感心したり、「良いことを教えてもらった!　やっぱりAはすごいな、いい仕事するな、オレも見習わないとな！」と思うのは飼育員BやCであって、お客さんからしたら、「どーだっていいわ。赤かろうが赤っぽかろうがトゲが長かろうが、全部同じ赤い魚なんだわ」ということになるのです。こういうことが水族館では頻繁に起こっているのです。

（中略）

仕事をする上で自分が楽しめればそれはそれでいいことですが、お客さんが喜んでくれないと仕事として成立しません。それに気づいた時の罪悪感は、「アタイがバカやってん。アタイが間違ってたのね」という心境でした。

自分の感覚や基準で考え、それをお客さんに押し付けるような解説はどれだけ書いても読まれません。

では、どうしたら読まれるのか。小林館長と戸舘副館長は解説を研究し「図鑑に載っている内容は書かない」「手書きで書く」「わかった気でいない」という三つの原則にたどり着いたという。

実際の掲示から、わたしなりにポイントを引き出すと

①ユーモアを忘れない②難しすぎない③長すぎない④飼育係しか知らないことが含まれている⑤絵を多用している――。この五つの条件を満たしているようだ。

竹島水族館訪問二日目、戸舘さんに会うと「専門的なことや学問的なことを勉強するというより、生きものに関心を持ってもらう場にしたいんです」と、その心をシンプルに表現してくれた。館長や副館長による事前検閲もないという。「僕たちが見ちゃうと、僕たちの文章になっちゃうので」

†漫画を描いて動物の気持ちを通訳する

大切にしている漫画本がある。動物園ファンでも、持っている人はそうはいないと思う。書名を『ヒヒ通』という。「ヒヒ山通信」の略だ。表紙をめくると、取材の際に、作者で飼育係の南方延宣《みなみがたのぶよし》さんが描いてくれたキリンの絵がある。

木の葉に向けて長い首をさらに長くし、舌を懸命に差し伸べている。でも、さくに阻まれて届かない。その姿に「あと少しなのに……おしい、実におしい」と書き添えられている。

南方さんに出会ったのは、動物園巡りを始めて半年ほどたった二〇〇八年秋だった。場所は広島市の安佐動物公園。出会ったといっても、ご本人に、ではない。園内のシマウマのところに「シマウマ通信」、キリンの放飼場に「キリマンじゃろ」(「キリンの漫画じゃろ」の略)と題した8コマ漫画が掲示されていた。その作者が南方さんだった。

どれも、そこはかとないユーモアがあって、楽しかった。生きものの行動を笑っている場合でも、底に愛があり、作者の自虐のスパイスも効いていた。だが、そのときはキリンもシマウマも記事にするつもりがなかったので、作者に話を聞くこともなく引き上げた。人物メインの「生きものと生きる」で南方さんをインタビューしたのは、それから四年後だった。

漫画『ヒヒ通』は、安佐動物公園のアヌビスヒヒの岩山を舞台にしている。冒頭は、オスのヒヒが太ももに傷をつくったときのエピソードだ。大きな傷だったが、手当てはしない。5コマ目からは傷を縫わなかった理由だ。

「ヒヒは手が器用です。キズをぬう糸だって、次の日にはほどいてしまいます」。それに一頭だけ別にして入院させると、なかなか治らない。仲間と一緒にしておくと、二カ月ぐらいで治ってしまう。

傷が治った「復活」の7コマ目に続き、8コマ目のオチは「わたしとはえらいちがい」。指先の小さな傷に大騒ぎする南方さんの自画像で終わる。

南方さんは「飼育係は通訳する仕事です」と話した。「たとえば、いまキリンがこうしているのは、おなかがすいているんだとか、興奮しているからとか、動物の気持ちを通訳できるのは、そばにいる僕なんです」

南方延宣さんとキリン（筆者撮影）

それが動物を守ることにもつながる。「キリンに餌をやりたい」と思っているお客さんに、キリンはどんな葉でも食べるわけじゃなく、ドングリの葉を好むこと、でもドングリでも全然食べない種類もあると説明する。そうすると「さっきそこでむしってきた葉っぱはやめよう」と思ってもらえる。通訳することで、アフリカのキリンが食べる木が枯れていっていることに関心を持ってくれるかもしれない。

飼育係になって、つらいこともあった。

最初の担当はトラだった。その

とき、ネコ科の動物が年をとるとよく発症する腫瘍で、オスが死んだ。「こんなにつらいものかと。家でも飼い犬が死ぬという経験はありましたが、お客さんに見てもらいたいと、毎日、本気に真剣に世話をしていたトラが死んだ。がくーっとなりました」

キリンの赤ちゃんが育たなかったとき、南方さんは涙が止まらなかった。

「脚が弱くて立ち上がることができなかった。キリンの赤ちゃんが立てないということは、お母さんのおっぱいが飲めないということなんです」。そうか、届かないんだ。

次の赤ちゃんがおなかに宿ったときは神社にお参りした。「うまくいくように何でもします」と祈って、もらったお札をキリン舎の壁に貼った。だが、生まれてきた子は「やっぱり後ろ脚が弱かった」。普通は生まれて数時間で立つのに、立てない。

九日目の朝、哺乳に来ていた獣医師チームが「きょうも駄目だったね」と去ったあと、「ふっと見たら立っていた。ふらふらっとしながらも立ってたんです」。南方さんは獣医師たちを呼び戻した。「見てくれ！　見てくれ！」

この後、半年ぐらいは「きょうは駄目になるんじゃないか、あしたは駄目になるんじゃないか」と心配したが、いつの間にか親と一緒に走れるまでになった。その顚末は『キリマンじゃろ』に描いた。

漫画を描くことで、見過ごしていたことをじっくり見るようになり、癖を見つけたり、性格が分かったりしたという。「そういう意味でも漫画に救われています」

動物園の生きものの通訳に最も適した人は、やはり担当する飼育係に違いない。

†ポップな水族館が固定観念を砕く

動物園水族館の未来を開く点描の最後は、三たび錦織一臣さんに登場してもらうことにしたい。編著・監修を務めた二〇一八年出版の『大人のための水族館ガイド』に「Tide7水族館のこれから」を書いている。Tide は潮汐《ちょうせき》や潮流という意味だから、「第7潮」と訳せばいいのだろうか。

読んでいくと「人が水族館に求めるもの」から始まって、水族館と動物園の境界、水族館の現状や悩み、動物の権利や福祉、魚食文化、外来生物といった幅広いテーマを取り上げている。その中から水族館の可能性に触れた文章を紹介したい。

錦織さんは、一人の人格は「あたまの人」「からだの人」「こころの人」という「三つの性質の異なる「人」を住まわせている」と説く。漢字で言い換えれば、それぞれ理性、身体、感情に当たるだろう。

水族館や動物園は三つの人に同時にアプローチできる稀有な存在であるにも関《ママ》わらず、

科学的素養とか知識の付与とかをしていこうとして、ひたすらに「あたまの人」の理解を得られるようなアプローチをしてきたように思う。

再び、わたしの言葉で言い換えれば（錦織さん、ごめんなさい）、動物園水族館の役割として、教育や研究の側面を重視しすぎているという指摘だと思う。

本来、動物園水族館を訪れ、その空間に身を浸すだけで受け取るものがある。理屈でも言葉でもなく、体と感覚に響く何か。その値打ち、働きを意識し、見直そうと訴えているのではないか。そうだとすれば、中川志郎さんの「自然へのノスタルジア」や「生物としての自覚」につながっていくような気がする。

錦織さんは、動物園水族館の原罪論にも切り込み、内在的に批判する。

野生動物を飼うことは罪であり悪行であり、野生生物の保全や環境教育は贖罪《しょくざい》として行っているという人がいる。しかし、そのような気持ちで三六五日、何十年も動物飼育を続けることができるだろうか。子どもたちの目を見て、生きもののことを伝え続けることができるだろうか。生きものを育てるということは相当にしんどいが楽しい行為だ。水族館は水界の生きもののためになることをしたいと思っている。そう思ってくれる人を増やしたいと思っている。だから、ただ単に動物を使った娯楽を極めるのではなく、環境教育や野生生物の保全にも一生懸命に取り組む。

生きものを育てることは楽しい。それは素直に認めようと、錦織さんは言う。

水族館は生きものを飼育展示することによって、生きものに貢献したい。だから教育や種の保全にも取り組んでいる。だが、そう言っているだけでは「この先、防戦に徹するだけになる」と錦織さんは認め、そこから打って出る可能性に言及し「これからの水族館に必要なのは水族館から社会を覆うマインドセットを変えていこうとする明確な意思だ」と鼓舞する。

マインドセットは、人々の固定観念や思い込みといった理解でいいのだろうか。

それを打破するために錦織さんが示すのは、さまざまな場で生きものと人の関係を見直し、よくしていこうと考え、活動している人たちとの連携・共働だ。そういえば、富山市ファミリーパークの山本茂行さんも、動物園を拠点として地域の人々や組織・企業をつないで活動していた。

水族館は何をしようというのか。

そういった様々な人たちと水族館は共に歩んでいける資質を持っている。なんといっていいのか、悪い意味ではなく、ある種の軽さというか、いい加減さというか、専門的すぎないというか、日本語で適当な言葉を今見つけられないが、ポップさのようなものを水族館は生まれながらに持っている。それは時に批判もされ、見下される要因にもなるが、私はそのポップさこそが水族館の大きな強みだと思っている。

ようやく、ポップという言葉に再会した。コウノトリの郷公園の池田啓さんは、メディアのポップさに否定的だったが、錦織さんは水族館のポップを肯定する。その意味はもう少し先を読む必要がある。

緻密な理論で武装した生物の保護運動は強固な信念を持った人々の支持を得ることはできるだろう。でもふつうに暮らしている人々の共感を広げていくことにはむしろマイナスになっているかもしれない。大学などの研究者の話には説得力がある、でもやはり敷居の高さは否めない。他のよいところは学びつつ水族館は水族館らしく歩んでいけばいい。

では「水族館らしく」とは何か。錦織さんはそれを多様に表現するのだが、ここではそのひとつだけを紹介する。

環境教育なんておせっかいなだけでほとんどの人の人生に関係ない。魚の謎を知ったからって友人が増えるわけじゃない。魚がいるだけじゃ水族館じゃない。ない、ない、ない、を乗り越える答えを探し続けることを止めないのが水族館だった。水族館の歴史的歩みを辿れば、もんもんとすっきりしないことをすっきりしないまでもなんとか対応してきた足跡が続いている。これはともすれば反省点になるが悪いことばかりではない。生きものと人との関係で悩み、時に共に苦しみながら根拠はなくとも寄り添い、大丈夫だよといえる。しかもだれもが知っているメジャーでポップな存在として。（中略）それが水族館に求められるなら喜んでその役をこれからも引き受け続けよう。

錦織さんの初対面の印象として「どこか心の余裕を感じさせる人」と書いた（第二章3）。それは水族館の未来を語るときにも一貫していた。

†飼育係自身が発信してほしい

本章で点描したそれぞれの人の考えや挑戦は、わたしの興味や関心に沿って一部を抜き出したものにすぎない。だから、これらから帰納的に動物園水族館や飼育係はどうあるべきかといった結論を導くことはできない。動物園水族館の情報発信面について、その受け手であり、再発信者でもある記者の立場から感想を述べるにとどめたい。

安佐の南方さんの漫画や竹島水族館の説明展示から、増井光子さんの言葉を思い出した。再録しようとして、増井さんもまた「飼育係」と言っていたのだと気づく。

「お客さんが一番求めているのは飼育係と会話することです。初めは動物の姿やしぐさを見たいと思って来てくださる。でも「もう一回行こう」とか「動物園って楽しい」と思わせるのは飼育係なんです。それも動物園が用意したガイドツアーなんかじゃ駄目、一方的でしょ。そういうのじゃなくて、そのへんに飼育係の姿が見えてて、その人とちょっと動物にまつわる会話をしたいわけですよ」

南方さんの漫画も竹島水族館の生きもの説明も、双方向の会話ではないが、会話しているような気持ちになれる。飼育係による発信であり、飼育係しか知らないことが含まれている点が大きいと思う。

増井さんは、受け手（お客さん）にとっての楽しさを強調していたが、どのような表現であれ、自分が発信することは、飼育係自身にとっても不可欠だ。

動物園の成立条件は生きものの「収集・飼育・展示」である。それは当然、組織として実現されなければならないが、本来、個のレベルでも完結しなくてはならない。単に生きものを見せるだけでなく、収集（繁殖を含む）や飼育を通じて経験したこと、驚いたこと、うれしかったこと、悲しかったことを発信することで、ようやくそれらの経験は自らのものとなり、受け手と共有される。

記者としてのわたしの経験を重ね合わせてみる。

先輩記者から「ひとり親方になりなさい」とアドバイスを受けたことがある。組織内の記者はどうしても、情報収集（取材）、その整理や分析、原稿の執筆が分業化していく。若手の仕事はこのうち、情報収集に偏る。それでは記者としても、人としても伸びていきにくい。企画を立てて取材し原稿をまとめる。それを一人でやることで、技術を体得でき、考えが深まり、経験の厚みも増す。

あちこちの動物園を歩くうち、大規模な郊外型動物園にかすかな違和感を持つようになったと書いた（第二章1）。飼育係自身の発信ということとも関係していると思う。大規模な動物園は職員の数も増え、経営の合理性を求めて、仕事が専門分化していく。飼育係と来園者の距離が遠くなる。

ＪＡＺＡのＨＰの「四つの役割」で教育・環境教育の説明に「動物園や水族館を訪れると、ガイドが生き物の説明をしたり、動物教室を開いています」とある。これによれば、説明したり動物教室で話したりするのは「ガイド」だが、やはり飼育係に話してほしい。

大規模園の弱みとして、見る側の自由度が狭くなるという点も大きい。動物の配置も含めて、展示が整理されてシステム化され、発信者（動物園）の用意したストーリーをはみ出すことが難しくなる。知的に体系化されれば、教育（お勉強）の色彩を強める。錦織さんの言い方を借りれば、ポップでなくなっていく。

大きな動物園はそれ自体、情報発信の量がとてつもなく大きいということにも留意すべきだろう。人間の受容力には限界がある。竹島水族館には展示説明の原則として「二〇〇文字以内。絵で表現できることは字を書かずになるべく絵で表す」というものもあった。情報は多ければ多いほどいいとはいえない。

✝消えるときが来るまで

ＪＡＺＡの連続シンポジウムのサブタイトル「消えていいのか、日本の動物園・水族館」という問いに、わたしはどう答えようか。

わたしの中の「あたまの人」は冷淡だ。あらゆる社会的存在は、消えるべきときが来たら消えるしかない。延命のために無理をすると、いいことは起きない。

動物園水族館が消えていく場合として、どのようなことが考えられるだろうか。

まず、収集・飼育・展示の各段階で必須の要素が欠けるとき、すなわち動物や飼育係や来園者がいなくなったら、社会的存在としては消えるしかないだろう。

シンポジウムで危機として示されたことの一つは、展示動物がいなくなってしまうことだった。それに加えて、人々が動物園水族館を見向きもしなくなったときにも、発信（展示）の対象が失われるのだから、退場するしかない。これは個々の園館レベルでも問われることだ。集客はすべてではないが、人々が支持しているかどうかのバロメーターとなり、経営にとっても決定的に重要となる。

動物園を支える職員の問題については、本章2で飼育係自身の幸せや生きがい搾取を考えるなかで述べた。低劣な労働条件なら、前途有為な若者が去って行き、動物園が劣化していくだろう。

消えていくもうひとつの類型として、動物園水族館が掲げた社会的な目標が達成された場合があると思う。

ある児童虐待防止団体の設立二〇周年記念集会を取材したことがある。関係者の祝辞で

「三〇周年、四〇周年に向け、この団体がますます発展していくよう願う」という言葉が飛び出して、腰が抜けるほど驚いた。

虐待防止団体の持続的な繁栄を願うということは、取りも直さず、虐待がなくならず、いまよりひどくなるよう願うことを意味する。虐待防止団体が期すべきは、虐待自体が消滅すること、すなわち、自らの存在が不要になること以外にない。

沖縄こどもの国の金尾由恵さんは、飼育技術を向上させることで、市民の動物に対する関心を高め、動物園がいらなくなるぐらいにしたいと願っていた（第二章1）。内部にいながら、組織の維持拡大を前提としない考え方が素晴らしいと思った。

中川志郎さんは動物園の存在意義として「訪れた人々が、そこに生きる生き物を通じて、生物としての人間への自覚をとりもどす機会を得る」ことだと説く。だとすれば、人間が動物園の存在抜きで、生物としての自覚を取り戻せるなら、動物園は不要になる。

人々を幸せにすることが社会的使命だとしたらどうか。動物園水族館がなくても人々の体内に十分に「うれぱみん」が分泌されているなら、わざわざ動物をケージで飼う必要はなくなる。もちろん、動物園由来の「必須うれぱみん」といったものがあるなら別だが。

わたしは動物園のない土地で育ち、そのことに特段の欠落感も持たないまま成長した。動物園こそが豊かな情操をはぐくみ、健全な生命観・自然観を養うとするなら、欠けるところの多い人間だが、その点について特に厳しい非難を浴びたり、叱責を受けたりした経験はない。

わたしの中の「あたまの人」はこのように考えを進めるが、「からだの人」と「こころの人」はどうやら、この考えに賛成してくれない。

動物園水族館に働く人たちの顔が何人も思い浮かぶからだ。その仕事に情熱を傾け、生きものと来園者と自らの幸せのために頑張る人たちの顔だ。本書に記したのは、そのなかのほんの一握りの人たちでしかない。

動物園水族館で過ごした時間も、体に沁みている。取材に追われている時間が多かったが、それでも緑の中を歩き、幸せそうな動物たちを見るのは、心安らぎ、心楽しんだ。苦しいこともなくはなかったが、学びや発見があり、それを記事と写真の形で人々に届けることは、代え難い喜びだった。

動物園をまわり始めて内面的に変わったこともある。たとえば軍事演習を伝えるニュース映像を見て、それによって一人の死者も出ないとしても、多くの生物が殺戮され、大地が破壊され、海が汚染されていると思うようになった。動物園はそういうことを理屈抜きで教えてくれた。

人間は自然内存在にすぎない。わたしはこの時代、この世界に、偶然のようになぜか人として生まれ来て、やがては消え去っていく。ごくごくちっぽけな存在にすぎない。生きものはみな生まれ、去って行く。

動物園や水族館は、消えるべきときが来たら消えるだろう。しかし、その日までは、人を含む生きものたちに、この大地や海に、幸せを与え続けてほしい。

おわりに

読み終えて、一五年間も動物園を取材しながら「なんだこの程度か」と思われたかもしれません。「どの問題にも結論が出ていないではないか」と不全感を持つ方もいらっしゃるでしょう。確かに、動物園の存在矛盾をめぐっても、擬人化についても、核心に切り込めず、周辺をウロウロするだけに終わったような気もします。

たとえば、動物園の定義について。

第四章2「ウェルフェアの傘を広げたい」で「動物園は、生きものと人の幸せを大切にしつつ、生きものを収集・飼育・展示する施設」と結論めいた書き方をしました。

しかし、原稿をあらあら書きあげた段階で読んでいただいた富山市ファミリーパークの元園長、山本茂行さんから「わたしなら」ということで、次のような定義が示されました。「動物園は、人を含む生きものの、命の大切さに立脚し、生きものを集めて保全・公開する施設」がそれです。

わたしの「生きものと人」という表現は、生きものを優先させているとはいえ、なお二項対立を含んでいます。これに対して、山本さんの「人を含む生きもの」という言葉は、その対立の止揚を志向しています。

「幸せ」に対置された「命の大切さ」については、次のような趣旨であると、山本さん自身が解説してくれました。

「生物多様性保全や持続可能な地球の問題は、自然システムの中で人が引き起こしている問題です。したがって、根幹になる表現は、人に帰着する概念にすべきではありません。幸せやアニマルウェルフェアは人側の範疇の概念で、人と自然を含む概念にすべきと思います」

山本さんの説明に耳を傾け、もう一度振り返ってみると、「幸せ」はわたしの動物園取材の出発点のひとつ、多摩の昆虫生態園でも批判された擬人的な言葉でした。そして、それは人間側の概念であるばかりか、ほかならぬ人間自身にとっても、相対的で多義的な言葉です。何をもって幸せというのか。

「命の大切さ」という表現なら、幸福であれ不幸であれ「与えられた命を十全に生きる・生かす」という思想を含意することができます。

理論的に考える限り、山本さんの定義のほうが優れていることは明らかです。人々に対して、自然や生きものや動物園に対する姿勢を変革するよう迫ってさえいる。しかし、それを書き加えることはしませんでした。

それには本書の成り立ちが絡んでいます。

わたしはもともと「動物園記者が考える動物園論」といった内容を構想して、二年ほど前から少しずつ書いていました。しかし、初めに想定した目次でいえば、半分ぐらいまで進んだところで頓挫してしまいました。動物園を正面から、大上段に振りかぶって論じようなんて、無謀な試みだったと、いまは思います。

たまたま別の企画で相談していた筑摩書房の柴山浩紀さんに、書きかけていた原稿を読んでもらったところ「『ルポ　動物園』にしては」とアドバイスをもらいました。いきなり書名の提案だったので驚きましたが、目からうろこが落ちるとはこのこと。そこから先は視界が開けたように書き進めることができました。編集者の慧眼です。

自分の足でとぼとぼ歩いて、見たこと、聞いたこと、感じたことをつづっていく。さらには学んだこと、考えたことも盛り込んで、動物や動物園と自分の関わりが深まっていく過程を記録する。そういうやり方は、わたしの性分にも合っていたようでした。

一般的な「ルポ」のイメージは、もう少し中立的・客観的な現場報告だと思いますから、書名に違和感を持たれた方もいらっしゃるかもしれません。

この記述方法は一方で、書き手にひとつの制約を課すことにもなりました。取材する中で得た実感を基礎に、そこからなるべく離れないようにすることです。

動物園の定義についても、そこで働く人たちとの対話の中で実感した言葉で表現するなら「生きものと人の幸せを大切にしつつ」にとどまります。山本さんの卓見にも促されて、これから変わったり、深化したりするかもしれないけれど、いまはこの表現のままにしておくほうがいいと思いました。

そのような制約を自らに課したために、逆に書き切れなかったことも少なくありません。例を挙げれば、動物の幸せから一歩進んで、動物の権利を認めようという運動が広がっていますが、本格的に言及することはできませんでした。実感を大切にするという制約からそうなったというより、哲学的な深さまで掘り下げる必要があるので、能力を超える課題だったというべきかもしれません。

この問題を現場で深く考えさせられたのは、名古屋港水族館でナンキョクオキアミを取材したときでした。ナンキョクオキアミの成体は五センチぐらいですが、卵を一度に千個も産み、数がものすごくたくさんなので、すべての個体を足した重さ（バイオマス）は、海洋生物の中で最大といわれています。記事は飼育係の伊藤美穂さんの言葉で結びました。「クジラに食べられ、ペンギンやアザラシに食べられ、それでも残って、生態系をささえている。すごい生きもの、力強い生きものだなって思います」

多和田葉子さんの『雪の練習生』によれば、大きな生きものには人権のようなものがある。では、ナンキョクオキアミの無数の命とその集積は、どう捉えたらいいのでしょうか。

ドイツは一九九〇年、民法典九〇a条として「動物は物ではない。動物は特別の法律によって保護される」と規定しました。そして、強制執行において、非営利目的で家庭内飼育されている動物は、原則として差し押さえできないと定めました。

日本の法律では「人」と「物」は二元的だけれど、命ある存在を「物」ではない第三のカテゴリーとする流れは強まっています（青木人志『日本の動物法 第2版』）。

近年、日本でも動物や植物を原告とする裁判が起こされています。奄美大島のゴルフ場建設に反対する住民たちが一九九五年、アマミノクロウサギやルリカケスを原告とする訴訟を起こしました。二〇二一年には神奈川県相模原市のJR橋本駅前に立つクスノキを原告とする訴訟も提起されています。

歴史を遡ると、ヨーロッパでは一二世紀から一八世紀まで、動物を被告とする裁判がかなり広く行われていました。ブタやウシ、イヌ、ネコといった家畜が人間に危害を加えたケースだけでなく、果樹や穀物を荒らす昆虫や小動物まで裁判にかけられたといいます（池上俊一『動物裁判』）。著者の池上さんの分析・考察とは異なりますが、動物にも被告適格を認めたのですから、少なくとも害をなした場合は、人間並みに扱われたとみることも可能です。

　生きものと人、そして大地や海と人間の関わりは、この取材を始めなければ、これほど考えることはなかったと思います。

　本書の表記についてお断りしておきます。子ども向けの記事の引用では、一部を漢字表記に改めました。登場する方々の所属や肩書、生きものの状況は、基本的に取材当時のままにしました。

　最後に、わたしの基礎的な知識を欠く疑問や質問に、誠実に答えてくださった動物園水族館のみなさまに、心からお礼申し上げます。また小学三年のときの担任、亡き舘《たてひろし》洋先生にも感謝します。先生の作文の授業で、書く技術の基礎と書く楽しさを学びました。思えば、本書のテーマのひとつとなった擬人化についても、先生は「擬人文」という文章類型として、教えてくれたのでした。「ぼくはえんぴつの「エル」です」という書き出しの作文が、下北半島の実家に残っています。

二〇二二年一〇月

佐々木央

取材した動物園水族館（記事にした園館のみ、訪問順）

■二〇〇八年

二月　横浜市・ズーラシア
三月　兵庫県豊岡市・コウノトリの郷公園
四月　東京・多摩動物公園
　　　東京・上野動物園
　　　愛媛県今治市・野間馬ハイランド
　　　神戸市・王子動物園
六月　東京・井の頭自然文化園
　　　福島県いわき市・アクアマリンふくしま
七月　大阪・天王寺動物園
八月　東京・葛西臨海水族園
九月　広島市・安佐動物公園
一〇月　富山市ファミリーパーク
一一月　埼玉県こども動物自然公園
　　　札幌市・円山動物園

■二〇〇九年

一月　名古屋市・東山動植物園
二月　上野動物園
三月　静岡市・日本平動物園
四月　埼玉県こども動物自然公園
　　　多摩動物公園
五月　福岡市動物園
　　　秋田市・大森山動物園
六月　井の頭自然文化園
七月　天王寺動物園
八月　兵庫県姫路市立動物園
九月　和歌山県白浜町・アドベンチャーワールド
一〇月　京都市動物園
一一月　上野動物園

■二〇一〇年
一月　山形県鶴岡市立加茂水族館
二月　王子動物園
三月　千葉市動物公園
四月　井の頭自然文化園
五月　神戸市・神戸花鳥園
六月　上野動物園
　　　千葉市動物公園
七月　大阪・海遊館
　　　東京・江戸川区自然動物園
八月　盛岡市動物公園
九月　横浜・野毛山動物園
一〇月　長野・須坂市動物園
一一月　野毛山動物園

■二〇一一年
一月　千葉市動物公園
二月　愛媛県立とべ動物園
三月　京都市動物園
四月　山形県鶴岡市立加茂水族館
六月　多摩動物公園
　　　円山動物園
七月　とべ動物園
八月　富山市ファミリーパーク
九月　宇都宮市・宇都宮動物園
一〇月　茨城県日立市・かみね動物園
一二月　アクアマリンふくしま

■二〇一二年
一月　沖縄市・沖縄こどもの国
　　　千葉県市原市・市原ぞうの国
四月　愛知県豊橋市・豊橋総合動植物公園
五月　仙台市・八木山動物公園
六月　高知県立のいち動物公園
七月　埼玉県宮代町・東武動物公園
八月　上野動物園
九月　安佐動物公園
　　　静岡県伊東市・伊豆シャボテン公園
一〇月　大阪府岬町・みさき公園（閉園）

一二月　葛西臨海水族園

■二〇一三年

二月　宮崎市フェニックス自然動物園
　　　井の頭自然文化園
四月　静岡県伊東市・伊豆シャボテン公園
五月　神戸市・須磨海浜水族園
　　　葛西臨海水族園
　　　長野市・茶臼山動物園
七月　野毛山動物園
八月　宮城県松島町・マリンピア松島水族館
　　　（閉園）
一〇月　横浜市立金沢動物園
一一月　愛媛県立とべ動物園
一二月　静岡県浜松市動物園

■二〇一四年

一月　天王寺動物園
三月　横浜市立金沢動物園
四月　東京・サンシャイン水族館
五月　富山市ファミリーパーク
六月　東京・羽村市動物公園
七月　熊本市動植物園
九月　井の頭自然文化園
一二月　神奈川県藤沢市・新江ノ島水族館

■二〇一五年

一月　井の頭自然文化園
三月　長野市城山動物園
　　　福岡県大牟田市動物園
五月　ズーラシア
七月　ズーラシア
八月　東京・すみだ水族館
九月　神戸市・神戸どうぶつ王国
一一月　静岡県沼津市・沼津港深海水族館
一二月　甲府市・遊亀公園付属動物園

■二〇一六年

一月　大阪府吹田市・ニフレル
二月　鹿児島市・平川動物公園

四月　北九州市・到津の森公園
五月　横浜市立金沢動物園
六月　川崎市・夢見ヶ崎動物公園
　　　群馬県桐生市・桐生が岡動物園
七月　福井県坂井市・越前松島水族館
一〇月　長野県小諸市動物園
　　　加茂水族館

■二〇一七年

一月　埼玉県狭山市・智光山公園こども動物園
三月　神戸どうぶつ王国
　　　京都市動物園
六月　横浜市・ヨコハマおもしろ水族館
七月　さいたま市・大宮公園小動物園
八月　名古屋市・名古屋港水族館
一〇月　静岡県東伊豆町・熱川バナナワニ園
一二月　多摩動物公園

■二〇一八年

二月　千葉県市川市動植物園
三月　神戸どうぶつ王国
五月　山口県宇部市・ときわ動物園
六月　広島県福山市立動物園
七月　茨城県大洗町・アクアワールド茨城県大洗水族館
八月　北海道千歳市・サケのふるさと千歳水族館
一二月　静岡県河津町・体感型動物園iZoo

■二〇一九年

二月　山口県下関市立しものせき水族館・海響館
四月　長野県飯田市立動物園
五月　仙台市・仙台うみの杜水族館
六月　埼玉県羽生市・さいたま水族館
七月　北海道帯広市・おびひろ動物園
八月　青森市・浅虫水族館
一〇月　東山動植物園
一二月　埼玉県こども動物自然公園

■二〇二〇年
一月　沖縄県名護市・ネオパークオキナワ
　　　東武動物公園
三月　石川県能美市・いしかわ動物園
七月　三重県鳥羽市・鳥羽水族館
九月　神戸どうぶつ王国
一〇月　富山市ファミリーパーク
一一月　千葉県鴨川市・鴨川シーワールド

■二〇二一年
二月　静岡県東伊豆町・伊豆アニマルキングダム
四月　愛知県蒲郡市・竹島水族館
六月　徳島市・とくしま動物園
八月　福島県猪苗代町・アクアマリンいなわしろカワセミ水族館
一〇月　山口県周南市・徳山動物園

■二〇二二年
一月　新潟市・マリンピア日本海
三月　東京都町田市・町田リス園
四月　天王寺動物園
五月　北海道旭川市・旭山動物園
七月　円山動物園
八月　東京・大島公園動物園

主要参考文献（＊は本文中と「おわりに」で言及したもの）

・青木幸子『ＺＯＯＫＥＥＰＥＲ（ズゥキーパー）』一〜八巻、講談社、二〇〇六年〜二〇〇九年
＊青木人志『日本の動物法 第2版』東京大学出版会、二〇一六年
＊秋山正美『動物園の昭和史』データハウス、一九九五年
・飴屋法水『キミは珍獣（ケダモノ）と暮らせるか？』文春文庫ＰＬＵＳ、二〇〇七年
・生田武志『いのちへの礼儀』筑摩書房、二〇一九年
＊池上俊一『動物裁判』講談社現代新書、一九九〇年
＊石田戢『日本の動物園』東京大学出版会、二〇一〇年
＊石田戢・濱野佐代子・花園誠・瀬戸口明久『日本の動物観』東京大学出版会、二〇一三年
＊入江尚子『ゾウが教えてくれたこと』化学同人、二〇二一年
＊上野動物園編『上野動物園百年史』『同資料編』第一法規出版、一九八二年
＊遠藤秀紀『パンダの死体はよみがえる』ちくま新書、二〇〇五年
＊川上未映子『ヘヴン』講談社文庫、二〇一二年
・川端裕人・本田公夫『動物園から未来を変える』亜紀書房、二〇一九年
＊木下直之『動物園巡礼』東京大学出版会、二〇一八年
＊小菅正夫・岩野俊郎著、島泰三編『戦う動物園』中公新書、二〇〇六年
＊小林龍二『驚愕！竹島水族館ドタバタ復活記』風媒社、二〇二〇年
＊コンラート・ローレンツ『ソロモンの指環』改訂版、日高敏隆訳、早川書房、一九八七年
＊斎藤弘吉『愛犬ものがたり』文芸春秋社、一九六三年
・佐々木時雄『動物園の歴史』西田書店、一九七五年
・佐々木時雄著、佐々木拓二編『続動物園の歴史（世界編）』西田書店、一九七七年
＊佐藤衆介『アニマルウェルフェア』東京大学出版会、二〇〇五年

＊高槻成紀編著『動物のいのちを考える』第2版、朔北社、二〇二〇年
＊舘野鴻「物語の中の野生」『鬼ヶ島通信』70＋6号、二〇二一年
＊舘野鴻『しでむし』偕成社、二〇〇九年
＊多和田葉子『雪の練習生』新潮文庫、二〇一三年
＊土家由岐雄『かわいそうなぞう』金の星社、一九七〇年
＊伴野準一『イルカ漁は残酷か』平凡社新書、二〇一五年
＊中川志郎『動物園学ことはじめ』玉川選書、一九七五年
＊中川志郎『動物たちの昭和史Ⅰ』太陽選書、一九八九年
＊成島悦雄編著『大人のための動物園ガイド』養賢堂、二〇一一年
＊錦織一臣編著『大人のための水族館ガイド』養賢堂、二〇一八年
＊長谷川潮『戦争児童文学は真実を伝えてきたか』梨の木社、二〇〇〇年
・濱野ちひろ『聖なるズー』集英社、二〇一九年
＊林正春編『ハチ公文献集』私家版、一九九一年
・福岡伸一『新版動的平衡』小学館新書、二〇一七年
＊福田三郎『実録上野動物園』毎日新聞社、一九六八年
・府中市美術館編著（金子信久、音ゆみ子）『動物の絵』講談社、二〇二一年
＊村田浩一・成島悦雄・原久美子編『動物園学入門』朝倉書店、二〇一四年
・森映子『犬が殺される』同時代社、二〇一九年
・リチャード・C・フランシス『家畜化という進化』西尾香苗訳、白揚社、二〇一九年
・若生謙二『動物園革命』岩波書店、二〇一〇年
＊渡辺守雄ほか『動物園というメディア』青弓社ライブラリー、二〇〇〇年

ちくま新書
1695

ルポ 動物園《どうぶつえん》

二〇二二年一一月一〇日 第一刷発行

著者 佐々木 央（ささき・ひさし）

発行者 喜入冬子
発行所 株式会社 筑摩書房
東京都台東区蔵前二-五-三 郵便番号一一一-八七五五
電話番号〇三-五六八七-二六〇一（代表）
装幀者 間村俊一
印刷・製本 三松堂印刷 株式会社

ISBN978-4-480-07518-5 C0245

ちくま新書

1644
こんなに変わった理科教科書
左巻健男
えっ、いまは習わないの？　かいちゅうと十二指腸虫の写真入り解説、有精卵の成長観察、解剖実験などはなぜ消えたのか。戦後日本の教育を理科教科書で振り返る。

1607
魚にも自分がわかる
――動物認知研究の最先端
幸田正典
魚が鏡を見て、体についた寄生虫をとろうとする⁉「魚の自己意識」に取り組む世界で唯一の研究室が、動物の賢さをめぐる常識をひっくり返す！

1566
ダイオウイカ vs. マッコウクジラ
――図説・深海の怪物たち
北村雄一
海の男たちが恐怖したオオウミヘビや日本の漁船が引きあげたニューネッシーの正体は何だったのか。深海に蠢く奇々怪々な生物の姿と生態を迫力のイラストで解説。

1542
生物多様性を問いなおす
――世界・自然・未来との共生とＳＤＧｓ
高橋進
ＳＤＧｓ達成に直結し、生物資源と人類の生存基盤とを包摂する生物多様性。地球公共財をめぐる旧来の利益第一主義を脱し、相利共生を実現するための構図を示す。

1454
やりなおし高校物理
永野裕之
ムズカシイ……。定理、法則、数式と覚えて理解しなきゃいけないことが多い物理。それを図と文章で一気に理解させ、数式は最後にまとめて確認する画期的な一冊。

1442
ヒトの発達の謎を解く
――胎児期から人類の未来まで
明和政子
イヤイヤ期はなぜ起きる？　思春期に感情が暴走するのはなぜ？　デジタル化は脳に影響あるの？　ヒトの本質に焦点をあてて、脳と心の成長を科学的に解明する。

1425
植物はおいしい
――身近な植物の知られざる秘密
田中修
季節ごとの旬の野菜・果物・穀物から驚きの新品種、香りの効能、認知症予防まで、食べる植物の「すごい」「おもしろい」「ふしぎ」な話題を豊富にご紹介します。